JN084736

ミッケラーの「ビールのほん」

著者
ミッケル・ボルグ・ビャーウス
ペニール・パン
Mikkel Borg Bjergsø og Pernille Pang

日本語版監修・翻訳
長谷川 小二郎

写真
ラスムス・メルムストルム、カミラ・ステファン
Rasmus Malmstrøm og Camilla Stephan

イラスト
キース・ショーア
Keith Shore

第5章
見て、かいで、味わって、感じる ビールの味わい方 80

第6章
自分のビールを自分でつくろう 94

第7章
ビールのレシピ集 140

第8章
ビールと料理を一緒に楽しむ 210

付録 246

まえがき

20年前（訳注：原書が発行された2014年から遡った1994年ごろ）、多くのビール（そのほとんどはラガー）は世界のどこで飲んでも同じような味をしていた。ツボルグ（デンマークの有名ブランドで、現在はカールスバーグがオーナー）であれ、青島（チンタオ）であれ、バドワイザーであれ、ハイネケンであれ、色は淡く、味わいは弱く、アルコール度数は低めだった。そしてそれらのほとんどは、喉の渇きを癒やすか、単に酔うためだけに消費されていた。

しかし今日では、状況は大きく変わっている。1990年代に米国、英国、そして特に北欧諸国を好例とする欧州からその他の地域に広がった、小規模醸造を特徴とするクラフトビール革命がきっかけだ。クラフトビール革命のおかげで、現在のビールを取り巻く世界には、クラフトビールというホップのきいた飲み物に夢中なっている、多様で多くのブルワー（ビール製造者・会社）とファンが存在している。

この革命の立役者の一人が、ミッケル・ボルグ・ビャーウス。ミッケラーという小規模ブルワリーを支える存在だ。2006年以来、ビールに対する一般的な認識を変えるのに貢献してきた。今では、味わいが弱めのラガーだけでなく、ホップを強くきかせたIPA（インディアペールエール）や、甘味がなく非常にさっぱりしたランビックまで手掛けている。

本書『ミッケラーの「ビールのほん」』の執筆は、ミッケラーが誇る多士済々が集まるチームにいる多くの熟練者たちの助けがなければ、成し遂げられなかった。しかし本質的には、この本はミッケルと私による共同作業の産物だ。

ミッケルとは、彼がホップの匂いを嗅ぎつけてビールに夢中になる前に知り合った。今、私たちは結婚していて二人の娘をもうけている。すべてが始まったのは2003年。コペンハーゲンのヴェスターブロにある、当時私たちが住んでいたアパートでのことだった。その年、ミッケルと彼の幼なじみのクリスチアン・クラウプ・ケラーが、私たちの台所でビールの自家醸造の実験を始めた。私にも役割があって、時折、瓶詰め、打栓、ラベル貼りをすることがあった。

その後、私はジャーナリストとしての訓練を受け、ミッケラーというブランドが成長するにつれて、どんどん明白になっていったことがある。数学と物理学の教師が、世界的に有名な放浪的ブルワー（自分で醸造設備を持たず、他者に醸造を委託するブルワーのこと。ファントムブルワーとも）かつクラフトビール伝道師になったという、魅力的な物語を伝えるべきであることだ。ビール醸造において彼が提唱する「民主主義の基本原則」によって、誰もが自宅で、しかもちょっと安く、自分のビールを醸造できるようになっている(※1)。

※1：しかし残念ながら、日本ではアルコール度数1%以上の飲料の醸造は禁止されている。

本書では、ミッケラーがどのようにしてビールの世界に足を踏み入れたのか、どのようにしてビールをつくり始め、その後、世界を牽引する小規模ブルワリーに発展していったのか、という物語が綴られていく。とはいっても、ビールそのものについて読めるのは確かだ。この本は何よりもまず、とにかくビールそのものに興味を持っている人や、ビールという万能な飲み物についてもっと知りたいと思っている人、そして面白くてたまらなくて素晴らしい味わいのビールを自宅で醸造したいと夢見ている人に、情熱を吹き込む手引書だからだ(※2)。

※2：しかし残念ながら、日本ではアルコール度数1%以上の飲料の醸造は禁止されている。

ペニール・パン

Mikkel Borg Bjergsø

バケツ醸造からスターブルワーへの道

ミッケルの生い立ちとミッケラーの成り立ち

KAPITEL 1

FRA SPANDEDRENG TIL STJERNEBRYGGER

MIKKEL OG MIKKELLERS HISTORIE

物心ついたときから、競争好きの遺伝子を持っていると自覚している。うまくいきそうなことを見つけたらいつも、もっとうまくできるように挑戦してきた。そうするのを我慢できない。数値で計測できるスポーツがずっと好きだ。それがランニングを始めた理由だと思う。サッカーは運とチームワークによるところがとても大きい。ランニングでは、自分の最高タイムについて議論をしても、結果は変わらない。いつだって自分だけであり、自分が一番だ。

僕と双子の兄弟であるイェッペは、幼少期から思春期までずっと親密な仲間同士だった。両親は僕らが8歳のときに離婚し、母親と一緒に家族用の一軒家に住み始め、父親はユトランド半島北部に引っ越して再婚し、二人の子供ももうけた。イェッペと僕はニヴォ中央学校という同じ幼稚園のクラスに通い始めたが、先生たちはすぐに、別々のクラスにした方がいいと判断した。二人とも横柄すぎると誰もが認めていたからだ。僕らは他の子供たちの2倍は、大きくて、体力があり、うるさかった。そしていつも誰かと喧嘩をしていて、イェッペが僕を、または僕がイェッペの助太刀をしていた。誰かがイェッペの悪口を言えば僕が彼をかばい、誰かが僕の悪口を言えばイェッペがかばってくれた。しかし競い合うこともしていた。最初は、家で食器洗い機から皿を片付ける時間を計り合っていたときのように、概ね楽しくてやっていた。

十代の青年らしく二人とも陸上競技を始めると、競争はもっと真剣なものになった。オーフス（デンマーク第2の都市）で競技会があり、100分の1秒差で僕がイェッペに勝ったと審判が判断したときのことを、よく覚えている。写真判定では判断できず、僕らはお互いに「自分の方が早かった」と絶叫し合った。二人はいつも比較されたので、どちらかが大差を付けて勝っていないと面白くなかった。

ランナーの世界

1987年から1997年までの約10年間、僕らはほとんどの週末をトレーニングやミーティングへの参加に費やし、2人とも八つの種目でデンマークチャンピオンになった。14歳のときに出場した競技会では、クリスチアン・ケラー（通称ケラー）とブライアン・イェンセンに初めて会った。彼らはボーンホルム島の「ヴァイキングクラブ」というチームに所属していた。彼らとはすぐに友達になり、僕とイェッペは彼らと一緒に休日をボーンホルム島でよく過ごしていた。

エスパゲーア・ギムナジウム(※)の上級段階に進学し始めたころは、毎朝5時に起きてトレーニングウエアを着て、わずか5分でドアの外に出ていた。そして鉄道と畑の間にあるアスファルトの道を、ニヴォからコッケダルまでの10㎞を走った。猛烈な雨が降っていても、雪が降っていても、地面に霜が降りていても、毎日。ランニングの後は風呂にさっと入り、エスパゲーア行きの電車に乗り遅れないように、牛乳と砂糖を入れたオートミールにがっついた。週に3、4日は、夜にウスターブロにある「スパルタ」というスポーツクラブでトレーニングをし、それ以外の日はヴァンレーセのガールフレンドの家に行っていた。宿題は、往復の通学電車の中で済ませることが多かった。体育の授業のときは、授業内容の代わりにランニングをさせてもらっていた。そうして、平日は1日2回、土日は1回ずつ、合計で週12回のトレーニングをこなしていた。種目としては800から1500ｍの中距離に取り組んでいて、目標は常に、イェッペを含むライバルに勝つことだった。

イェッペと僕は二人とも、ランニングで奨学金を得て米国の大学に進学した。ケラーとブライアンも米国大学に通う奨学金を得ていたので、通っている大学が米国内で遠く離れていたけれども、競技会でも余暇のときでも、頻繁に会う関係は続いた。寮の細長い廊下で数時間、ケラーと電話で話すこともあった。

カンザス州で1年間過ごした後、デンマークに帰った。疲れていたし、怪我もしてしまったし、大学側が求める学業の内容が厳しすぎると思ったからだった。イェッペも帰国し、コペンハーゲンのウスターブロ地区のオーフスゲテにあるアパートに一緒に引っ越し、二人ともビスペビアウ病院の食堂での仕事に就いた。毎朝6時に病院に駆けつけ、マッシュポテトを200L鍋に作り、ライ麦パンと砂糖とノンアルコールビールを使った「ビールがゆ」を1200食分作った。午後2時には仕事を終え、ビスペビアウ、ヘレルプ周辺を経由するウスターブロまでの家路を走った。しかしこの仕事は、食器洗いができなくなってしまったために半年しか続かなかった。食器洗いをする場所は蒸気が立ち込めてい

※ギムナジウムは、大学進学の準備をする3年間の高校のこと。
技術高校や商業高校と異なり、将来の特定の職業に特化しない
教育を施す。

kup! ØL

BUNDEN I VEJRET

Skål for Mikkeller – verdens sjette bedste bryggeri, startet af Mikkel Bjergsø, der også laver Danmarks stærkeste øl. FOTO: HENNING HJORTH

Øl med mange procenter

Mikro-bryggeriet Mikkeller har sendt Danmarks stærkeste øl på gaden

Kristian Korne

Når Danmarks stærkeste øl løber forbi ganen, bliver smagsløgene bombarderet med en mørk sødme med en snert af kaffebønner og chokolade. 'Hei' hedder dråberne med en alkoholprocent på 17,5, og de er brygget af Mikkeller. Mikrobryggeriet har lavet 'Hei', som betyder sort på kinesisk, for at lave en øl, der rykker grænser.

– Smagsmæssigt er øllen sindssyg, men meget vellykket. Det er øl på øllets præmisser og ikke lavet til det brede publikum, fortæller Mikkel Bjergsø.

Øl-oprør

Til daglig arbejder den unge øl-brygger som lærer på Det frie Gymnasium i København, men en aften i maj 2006 kastede han og kammeraten, Kristian Keller, sig ud i bryggekunsten. De ville gøre op med mikrobryggeriernes Carlsberg-agtige me-

de det, siger han.

Siden er springet fra hobby-bryggere til øl-stjerner gået stærkt. En dag opfordrede indehaveren af Ølbutikken i Oehlenschlägersgade vennerne til at hælde deres bryg på flaske. Øllerne blev revet væk, og siden har de lejet sig ind på mikrobryggerier for at lave øl i større mængder.

Verdens sjettebedste

Selv om øllet stadig bliver udviklet hjemme i køkkenet på Vesterbro, så er Mikkeller lige blevet kåret til verdens sjettebedste bryggeri foran 8000 andre på den internationale øl-hjemmeside, Ratebeer.com.

Den gode placering på Ratebeer.com har gjort, at øllet i dag bliver eksporteret til ti forskellige lande.

– Succesen har været overvældende, og jeg overvejer også at blive brygger på fuld tid. Det var bare slet ikke meningen, da vi lavede de første øl hjemme i køkkenet, fortæller Mikkel Bjergsø.

Bryggeren hviler heller ikke på humlen, for han har allerede planer om at forsøge sig med en øl på omkring 20 procent. Grænserne skal hele tiden rykkes, så ølentusiaster over hele verden kan få udfordret deres smagsløg. Skål.

K-State's cross country coach finds the runner he needs in DENMAR

Runner recruited by coach over the phone, by mail

WESS HUDELSON
Collegian

With only one runner returning to the men's cross country team, Coach Terry Drake needed help.

Drake found the help he needed, but it wasn't without some expensive long-distance phone calls.

Mikkel Byergso, freshman from Nivaa, Denmark, has found his way to Manhattan where he hopes to continue an already successful running career.

In Denmark, Byergso captured nine national junior (18 and under) championships in cross country and track.

However, to attend K-State, Byergso had to separate from his twin brother, Jeppe, who received a cross country and track scholarship at Arkansas State.

"Last spring, we thought we would like to go to the same school together, but after awhile we were together all the time and we got sick of each other," Byergso said.

The brothers have trained together since they were children, but Byergso said there really isn't any competition between the two of them.

"He hasn't beat me in a race since we were young, but if someone had to beat me, I'm glad it's him and not someone else," Byergso said. "We like to keep it in the family."

Byergso competed in several countries in Europe last summer for a track club centered in Copenhagen, the capital of Denmark.

He said he joined the club after previously running for the club in his hometown of Nivaa because the chance to compete in better meets.

"There are no school teams in Denmark," Byergso said. "You have to run in a club.

"The club in Nivaa was too small and didn't offer much."

KELLY CAMPBELL/Collegian

Mikkel Byergso trains for the cross country season. The season opens Sept. 17 at Lincoln, Neb.

Wednesday, Novemeber 2, 1994

DARREN WHITLEY/Collegian

Mikkel Bjergso races through the course at Warner Park. Bjergso finished in 36th place, while racin ever Big Eight Championships. Overall, the men's team finished in 7th place. Geoff Delahanty captu finish for the Cats, with a 30th place finish.

runner, senior Billy Wuggazer, experienced side cramps, which caused him to run a sub-par race.

"Billy ran really bad because he stitched up," Drake said. "If he would have been where he's capable of placing, we would have accomplished our goal of placing sixth."

The ailing Wuggazer finished in 38th position behind teammates junior Geoff Delahanty in 30th and freshman Mikkel Bjergso in 36th.

Delahanty said although he was the highest finisher for the Cats, he was still not altogether pleased with his showing.

"People have been telling me that I ran a good race," Delahanty said. "It was probably the best finish in a race that I've had, but it's still not even close to as good as I can run.

"I might have gotten a little overzealous and just run a little too quick sometimes."

Delahanty said if Wuggazer and himself had run to their potential, the outcome of the race would have been much different.

"Billy could have been top 10 easy, and I could have been top 15, if we would have run like we've been in

Mikkels sorte guld

32-årig har udskiftet mesterskaberne på løbebanen med øl-priser

Morten Mauritson

Det er lidt billigt at stjæle W.C. Fields-citatet 'Øllet blev hans skæbne', men det passer bare så uendelig godt på et af landets største løbetalenter, der blev skolelærer og [højt] respekteret brygger [m]ed Mikkeller-bryggeriet.

I halvfemserne gjorde han sig bemærket på landets atletik-stadioner som en af landets bedste mellemdistanceløbere, men den karriere blev udskiftet med skolelærerfaget.

Som så mange andre er han vild med øl, og det resulterede i, at ølklubben med vennerne blev til eget bryg i køkkenet og nu store produktioner i eksempelvis Ørbæk, Belgien og Norge. Det er også blevet til et gæstebryg på Nørrebro Bryghus.

Provokerende øl

32-årige Mikkel Bjergsø er navnet på manden, der i dag er anerkendt for sit bryg i store dele af verden.

Man behøver ikke være ølentusiast for at drikke Mikkels øl, men det hjælper, for han er mest til kompromisløse og provokerende øl:

– Der skal sgu være noget kant, og det skal ikke blive for fint. Masser af bryggerier laver helt almindeligt øl, så det gider jeg ikke. Man kan godt sige, at jeg overdriver lidt, når jeg brygger, men det er også det, der har gjort, at der er blevet lagt mærke til mit bryg ude i verden, og det er jeg meget stolt af, fortæller Mikkel Bjergsø, der henslængt i caféstolen på Nørrebro Bryghus bestemt ligner en skolelærer – og langtfra en brygger.

– Nej, jeg ligner ikke den klassiske brygger fra tv-serien, men i dag er vi også mange flere bryggere rundt omkring, fordi det er muligt at producere sit eget bryg hjemme i køkkenet. Det vælter frem med mikrobryggerier, og mange af os har det som en slags hobby-beskæftigelse, selv om det for mig mere er et fuldtidsjob lige nu.

motor2@eb.dk

[J]eg er sgu min egen

[M]ikkel Bjergsø brygger ger[ne] på store anlæg på brygge[rie]r som Ørbæk på Fyn eller [u]dlandet, men han vil al[drig] have sit helt eget kæmpebryggeri:

– Jeg kan godt lide den uaf[h]ængighed og frihed, jeg har [lig]e nu. Jeg skal ikke tænke [på] en kæmpe økonomi, men [ka]n koncentrere mig om at [br]ygge, når jeg har lejet mig [in]d.

[Vil]d med 8. klasse

[D]et betyder også, at jeg på [all]e måder altid er min egen [he]rre. Jeg kan lave alle de [pr]ovokerende øl, jeg vil. Det [vil]le formentlig være sværere, hvis jeg investerede i mit [eg]et store bryggeri, siger Mikkel, der ikke længere har tid til at holde konditallet oppe med løbetræning:

– Jeg passer jo mit fuldtidsjob på Det frie Gymnasium på Nørrebro, hvor jeg netop nu underviser en 8. klasse. Det er et job, jeg er helt vild med. Men jeg er også helt vild med at brygge, så det er mit andet fuldtidsjob lige nu.

– Der er stor interesse for mit bryg, så jeg bruger meget tid på at producere og distribuere til hele verden, siger den unge brygger, der gerne ser, du napper en af flaskerne med hans etiket, når du skal have en fyraftensbajer.

moma

Den unge brygger foran en af de store 1000-liters tanke på Nørrebro Bryghus, hvor et gæstebryg med hans signatur står og hygger sig. FOTO: MORTEN MAURITSON

Bryg i topklasse

1. Mikkel Bjergsø vandt i midten af 1990'erne flere danmarksmesterskaber i mellemdistanceløb, fortrinsvis på 1500 meter.
2. Sammen med kammeraten Kristian Keller startede hobbybryggeren eget bryggeri for et par år siden og fik øjeblikkelig megasucces.
3. Bryghuset Mikkeller blev kåret til Danmarks bedste bryghus i 2006.
4. Mikkeller er netop blev kåret til verdens 6. bedste bryggeri foran 8000 andre på hjemmesiden ratebeer.com, der giver hans bryg meget fine anmeldelser.
5. Læs mere om Mikkel Bjergsø og hans stærke øl i kup! på lørdag.

TIRSDAG 18. MARTS 2008

[S]UPERBRYGGER OG SKOLELÆRER

Ny humle Mikkel Bjergsø i hjemmet med sin og Danmarks stærkeste øl. Den hedder Hei, der betyder sort på kinesisk. Og sort er øllet, hvis alkoholprocent er hele 17,5 procent. FOTO: HENNING HJORTH

て、非常に湿度が高く、呼吸困難になってしまったからだ。医師から運動誘発性喘息と診断され、3カ月間休まなければならなくなった。

そしてその頃、コペンハーゲンには本当に嫌気がさしていた。一緒に過ごしたみんなとはランニングの話ばかりしていて、新しい人と出会いたいと思っていた。ガールフレンドはユトランド半島北部に住んでいたので、そこに引っ越し、教師になるための教育を受けるためにオールボー教員養成大学に通い始めることにした。その教育課程を修了するのにそれほどまでの努力はいらないように見え、たくさんのランニングをして十分な自己修養をしてきた自分には、完璧に合っていた。読書やレポートの課題以外をする自由な時間も必要だった。

そんなに長くない距離を走ることは続けていたが、特にやる気に満ちていたわけではなく、喘息に悩まされてもいた。それでも、米国アラバマ州のモービル大学から新たな奨学金を得られることになったときに、再び留学することを決意した。唯一の問題は、現地の湿度がとんでもなく高く、走るときに満足に呼吸ができないことだった。走るトレーニングはろくにできず、競技会では良い成績を挙げることができなかった。学業もおろそかにし、走る時間になるまでずっと寝ていた。それ以外は、他の学生と遊んでいた。ある日、筆記試験中に気付かぬうちに壁にもたれかかって寝てしまった。それをきっかけに、再び帰国することを決意。留学中に最後に走ったのは、1997年12月11日だった。

ビョルンネブリーグ

コペンハーゲンに戻って、ヴェスターブロのスレスヴィグスゲデにあるワンルームのアパートに引っ越し、フレデリクスベア教員養成大学で教師になるための勉強を再開した。イェッペは僕と同じ住宅組合のアパートを既に持っていて、教員養成大学の友人も何人か入居していた（ケラーとブライアンは米国に滞在していたが）。その後、僕は完全に一文無しになったので、教員養成大学の授業に出席する代わりに働き始めた。一時は、三つの仕事を掛け持ちしていた。パーティーもよく開いていて、木、金、土曜日には教員養成大学の友達が遊びに来た。そうした友達の中にペニールがいて、後に結婚して二人の娘をもうけた。彼女は僕の教員養成大学の友達の一人を知っていて、その友達が彼女を僕の家に招いてくれたのだった。

友達と一緒に時折、10デンマーク・クローネで乗れるバスでドイツに行った。そこではビールの箱入りセットが本当に安く買えた。僕たちは一度に30から40箱のビールを買っていた。フェリーの売店でビールの代金を支払うと、ビールはデッキの上に運ばれてきて、僕らはそれをそのままバスに積み込んだ。家の冷蔵庫はいつもビールでいっぱいだった。そして僕らが買うビールは安ければ安いほど良かった。大量生産の缶ビールと同様に、ビョルンネブリーグ〔訳注：デンマークのハーボー社で、ラベルにBEAR BEERと白熊が描かれている。日本で流通したこともあった〕も飲んでいて、そのときはとても美味しいと思っていた。

イェッペと僕はエンヘヴ広場にあるカフェウーナスにも行き始めた。そこの特売の一つとして、バケツに詰めた10本の輸入ビールが150デンマーク・クローネ（当時のレートで16ポンド、26ドル。現在のレートで約2400円）で売られていた。そのセットはシメイ、ヒューガルデン、エルディンガーといったベルギーやドイツの銘柄で構成されていて、僕らが普段飲んでいる銘柄とは味わいが違った。僕らはこの店でいつもこのバケツセットを買っていたので、「バケツ隊」と呼ばれていた。毎週金曜日と土曜日に、ベガという会場でのコンサートや教員養成大学でのパーティーの前に行っていた。僕は最終的にウーナスでウェイターとして働き始めた。どうせいつもその店にいるのなら、働いてもいいかなと思ったからだ。入荷されてくるビールを最初に飲み干していたから、給料がもらえることはなかったけれども。

ビールを醸造しよう

数年後、イェッペはビールの団体を立ち上げることを思いついた。名前は「ビールを醸造しよう会」で、デンマーク語の頭文字を取るとBØF（ベー・ウェー・エフ）。由来は、会のメンバーの一人である南アフリカ人のマイルスのために付けられた内輪ネタの冗談だった。メンバーは年に5、6回、僕が住んでいた建物にある多目的室に集まった。20㎡ほどの広さの古臭くて暗い地下室で、片隅には小さなキッチンがあり、コンクリートの床には穴が開いていた。僕らはその空間を「穴」と呼んでいた。

BØFではほとんどの場合、「頭がおかしくなるほど飲むこと」と「一気に飲むこと」がはっきりした目的だった。しかしもう少し別な狙いもあった。「デンマー

ク産ビール・グランプリ」や「クリスマスビール・グランプリ」といったさまざまな部門を設けた上で、ビールの銘柄名や特徴を伏せてのテイスティング会を開催したのだ。各メンバーがアルミホイルを巻いたビールを持ち寄り、全員でテイスティングをして点数を付けて実施した。

ケラーは米国に7年、ポルトガルに1年滞在した後、ついにデンマークに帰国し、同じ建物に引っ越してきた。米国でジャーナリズムを学んでいた彼こそが、ビールのレビューや漫画、さまざまな小規模ブルワリーを取材した記事を掲載する会員誌『ビアナット(Beer Nut)』を創刊することを思いついたのだった。

物理学の実験

26歳になった2002年に、フレデリクスベア教員養成大学を卒業し、学校教師の免許を得た。翌年、ヌアブロにある無料ギムナジウムで数学、物理学、英語の教師になった。学校の近くのヌアブロゲデという土地には、新しいビアバー「プランB」が開店していて、そのビールの品ぞろえに興奮した。

仕事帰りにビールを飲みにプランBに立ち寄ることもあり、ある日、デンマークの小規模ブルワリー・ブルックハウスのインディアペールエール(IPA)を飲んでみた。今まで飲んできた他のビールとは全く違う味わいがした。より素晴らしい深みと微妙な味わいがいくつかあった。言い換えれば、より複雑だったのだ。

そのころ、学生補助金を何年も受けてきたので、貯金をするのが習慣になっていた。だから、そのような素晴らしいビールを半分の値段で20L、自分でつくれたら、もっと節約ができるかもしれないと考えた。それが自家醸造を始めた動機で、ケラーにもこの思い付きにすぐ加わってもらった。最初は、ヴァイレにある醸造器具店のインターネットショップで買った醸造器具一式で試してみた。しかしそれは、単にシロップにお湯を混ぜるだけのもので、出来上がったビールの味わいはひどかった。

6、7回ほど醸造した後、米国で発行された醸造の本を手に入れ、同時にブルックハウス醸造所のアラン・ポールセンにメールを送った。彼こそが僕がプランBで飲んでみた素晴らしいビールを醸造した人物で、そのビールにどんな材料を使っているのか興味があったからだ。アランは好意的な返事を送ってくれたが、レシピのすべては教えてくれなかった。だからケラーと僕はそのビールそっくりのビールをつくろうとし、ビールの名前は「ブラウハウス」IPAとした。麦芽100%で仕込み、ホップと酵母を加えてつくった。原料や醸造器具はすべて地下室に保管し、週に1、2回、たいていは週末に、地下室に降りて行って、麦芽粉砕機のハンドルを腕がしびれるほど回した。麦芽とホップの香りは地下室への階段にも充満した。しかし、僕たちが住み、ビールを醸造していたこの建物は、カールスバーグ〔訳注：世界的な大手ビールメーカーで、コペンハーゲン発祥〕のすぐ近くにあったので、近所の人たちは「この香りはカールスバーグから漂ってきている」と思っているだろうなと想像していた。

僕らがつくったビールを詰めるための瓶は、フレデリクスベア・アリにあるスパーというお店で、ブルックハウスも採用していた栓付きの瓶をデポジット価格で入手した。その瓶はビールを詰める前に、僕とペニールが使う小さなキッチンで丁寧に洗浄と消毒をして、詰めた後は、床の上に置いた木箱に瓶を入れて二次発酵させた。試行錯誤を重ね、最終的には九つの異なる様式のブラウハウスIPAをつくり上げた。その後、ホップや麦芽の使用量を変えたり、発酵温度や酵母の種類を変えたりして、少しずつ調整していった。「そっくりビール」づくりに挑むことは、自家醸造を始めるのに非常に良かった。なぜなら、例えば麦汁の煮沸時間を少し長くしたり、カラメル麦芽の使用量を変えたりすると起きることが、理解できたからだ。

最初につくったビールはそれなりに美味しかったので、BØFのイベントでも提供し始めた。唯一の問題は、会のメンバーは全員僕らの友人だったため、僕らのビールを客観的に味わってもらうことは、現実的には期待できないことだった。そこで、「2005年デンマーク最高ビール」を決めるための銘柄名を伏せたテイスティングにブラウハウスIPAを出すと、栄冠に輝いた。そして僕らは「よし、BØFのメンバーみんなが好きなら、他の人たちも好きになるに違いない」と考え、もっとたくさんのビールをつくり始めた。

ビールが漏れる

当時、シエラネバダ、アンカー、ブルックリンブルワリーなどの米国の小規模ビール醸造者はすでに、ホップのきいた苦いビールでデンマーク市場に進出していた。僕らもそれらを飲んでみて、ブルックハウスのIPAよりもはるかに面白いと思った。デンマークの他のほとんどの醸造所は、カールスバーグに似た味のビールをつくっていた。ラベルのデザインは凝っていたが、僕らには不要な代物だった。

そうした銘柄よりも、米国でつくられているような過激で味わいが強いビールをつくる方が楽しいと思ったので、優れた銘柄のそっくりビールを超えて、もっと多くのホップを加え、自分たちでレシピを開発するようになった。概して僕らは、実験することは恐れなかったが、全然計画通りにいかないことも時折あった。例えばある時は、ランビックをヴェスターブロの家のキッチンでつくり始めたこともあった。ランビックは原則として、ベルギーのパヨッテンラントという地域でしか醸造できないスタイルのビールだ。なぜなら、その地域の空気中で交じり合っている微生物群が、ビールを自然発酵させるのに特に適しているからだ。しかし僕らは単に、フタをしないバケツを窓辺に一晩放置した。

次の日、バケツにフタをしてケラーの屋根裏部屋に運び、そこにほぼ1年間置いたままにして発酵させた。瓶詰めの頃合いになると、ベルギーのランビック醸造所であるカンティヨンから200Lの木樽を手に入れ、友人のレッセに屋根裏部屋まで運ぶのを手伝ってもらった。それに主発酵後のビールを入れるためだ。60から70kgあるその木樽を階段で4階まで運び、ケラーの部屋を通り抜けて、さらに階段を使って屋根裏部屋へと上げた。しかし、屋根裏部屋の扉はほんの少しだけ狭くて木樽を入れることができなかったので、木樽は下ろし、代わりに30Lのバケツを8個用意した。その後、バケツをヴェルビーにある小さな貯蔵庫まで運び、そこでようやく、主発酵を終えたランビックを木樽に移すことができた。

しかし、そのときにはもう、ビールが木樽の継ぎ目から漏れ始め、コンクリートの床を濡らしていった。あわてて、近くの売店で真っ赤なイチゴのチューインガムを買ってきて、急いで噛んで継ぎ目をふさごうとした。しかし、やっぱり何の役にも立たなかったので、シリコン材を接着させるためのコーキングガンを手に入れるために、シルヴァンまでクルマを走らせた。幸いなことに、戻って来たころにはビールの漏れは止まっていた。木がビールを吸収して膨張し、緩かった継ぎ目がきつく締まったのだ。そんな経験は全くしたことがなかった。

数年前、このランビックを初めて木樽から出して瓶詰めし、コペンハーゲンのレストラン「ミエルケ＆フルティカール」で開催された「ビールと楽しむ昼食の会」で、豚肉とザワークラウトと一緒に提供した。出席者は、このビールが驚くほど美味しく、ベルギー産のランビックとあまり変わらないことを認めてくれた。パヨッテンラントでなくても、自然発酵のビールはつくれる証明にもなったのだ。

デンマーク・クラフトブルーイング大会

以前からデンマークのデザイン、特にヴェルナー・パントン〔訳注：デンマーク出身の著名インテリアデザイナー〕の家具やランプなどに興味を持っていた。それもあって、ドイツのシュトゥットガルトにあるドイツ製ヴィンテージ家具店のオーナーに協力してもらって、デンマークにあるパントンがデザインした貴重な品を探すこともしていた。僕らの最初のビールラベルにヴェルナー・パントンの絵柄を入れていたのは、そのためだ。それを自分たちで印刷して、牛乳用の瓶に貼り付けた。このラベルは貼り付きが良いが、はがすのは簡単で、その後瓶を洗うのもラクだった。

僕らの醸造所を「ミッケラー」と呼んでもらうことも決めていた。ミッケルとケラーを組み合わせた、非常に分かりやすい名前だ。BØFのメンバーの一人で、ブルワーでもあるハンスには、絵を描くのが得意な彼女がいて、自分のビールのラベルのために自分の似顔絵を描いてもらっていた。その方法が本当に良いと思ったので、彼女にビールを送って僕らの似顔絵を描いてもらった。白と黒で描かれた似顔絵は僕ら二人の横顔を捉えていた。僕らはそれを新しいラベルのロゴとして使った。

デンマーク・クラフトブルーイング大会にも出品した。そこでの受賞者は毎年、コペンハーゲンのヴェルビーハレンというコンサート会場で開催される「デンマーク・ビールファンビアフェスティバル」で優勝者が発表される。僕らの8番目のビールは、ビール醸造セットではなく本物の原料を初めて使っていて、ベルジャントリペル部門で銅賞を獲得。ブラウンエールは同年に銀賞、翌年に

TO ØL 8% BA SNOWBALL 40

TO ØL 7% BA SANS FRONTIER 40

39 MIKKELLER

TO ØL BA MINE IS BIGGER THAN YOURS 12,5% MUSCATE 45

40 MIKKELLER

Mikkeller

Botanical and Hoppy Gin

white DOG

Oloroso cask Black

は金賞を獲得した。

2005年には、イェッペは友人のミケルとコペンハーゲンのウールンシュレゲアゲデに「ウルブチクン」というビール販売店を開いた。当初、僕とケラーはバーや販売店を開く計画に参加していた。しかし僕とイェッペはすぐに仲直りをするけれどもよく喧嘩をしていて、一緒にビジネスをするのは良くないということがだんだん分かってきた。だけれども、ケラーと僕はイェッペの開店のために特別なビール「ウルブチクンIPA」を醸造し、イェッペとミケルは店を通じて僕たちのビールを販売するようになった。僕も週に2、3日はそこで働き、デンマーク内外からやって来るさまざまなビール好きたちと接することができるようになった。

ウルブチクンでの販売を通じて、「レイトビア」というウェブサイトで僕らのビールに対する評価が載るようになっていった。レイトビアは、世界中のビール愛好家がビールを味わい、意見を述べ、ビールの交換もできる場だ。例えば、デンマーク人が米国人と20本のビールを交換するとしたら、お互いがまだ飲んだことがない銘柄を20本手に入れることができるということだ。中には他の銘柄よりも明らかに価値があるものもある。スリーフロイズという米国のブルワリーの「ダークロード」という銘柄の瓶1本は、デンマーク産のありふれていて面白味のないビール20本に値する。僕らのビールはこのようにして世界中に送られるようになって、世界中のビアギーク(※)たちが僕らの存在に突然気づき、僕らのビールがどこで買えるのかを尋ねるファンメールを送ってくるようになった。翌2006年、レイトビアがウルブチクンを「世界最高のビール販売店」に選出したのを機に、店にはお客が群れをなしてやって来るようになった。

ビアギークのあさごはん

最も成功したビールはオート麦(エンバク)を使ったスタウトだった。発酵が終わってまだタンクの中に入っているときは、かなり退屈な味わいがした。何かが足りなかった。僕はコーヒーを加えるというアイデアを持っていて、コーヒーを使ったビールをつくったことがあるブルワー何人かに、どうやって加えたのかを聞いてみた。そのうちの一人はヌエブロ醸造所のアナース・キスマイアーで、彼はコーヒーの水出しも含めたかなり複雑な工程を採用していた。何日もかけてコーヒー豆を水に漬け込んで、抽出液を得るのだ。一方、米国カリフォルニ

※ギーク(geek)は、特定のことについて「卓越した知識がある人」「凝り性な人」といった意味。社交的かどうかは意味に含まれない。「おたく」と訳されることもあるが、おたくには「社交的でない」ことが意味に含まれることがあり、意味が完全には一致しない。よって本書では単に音写して「ギーク」とした。

アのエールスミスというブルワリーでの工程は「フレンチプレスでコーヒーを淹れて、それを麦汁に混ぜる」という単純そのものだった。エールスミスの方法を採用したところ、ビールの特徴が完全に変わり、本当に美味しいコーヒースタウトに生まれ変わった。

2005年末、このコーヒースタウトを「ビアギークのあさごはん」と命名し、ウルブチクンを通じて販売し始めた。このビールはレイトビア上で最高レベルの評価を受け、2006年1月には世界最高のスタウトと発表された。同時に、ミッケラーは5836の極小ブルワリーのランキングで第37位とされた。

僕らのビールへの需要は、この高評価が一気に押し上げた。当時、僕らは自宅の台所で一度の仕込みはだいたい50Lで醸造していただけで、外販するビールはなかった。さらに、近々開催されるビアフェスティバルに初めて出店する計画も立てていた。そこで、デンマークの極小ブルワリーであるエンドリクとウアベクと、彼らが忙しくないときに設備を使わせてもらう契約を結んだ。これにより、一度に2kLを仕込む醸造ができるようになった。

醸造の傍ら、ギムナジウムで物理と数学の教師として働き続けていた。ケラーはホルースルンにあるウルファブリクンという極小ブルワリーで職を得て、大規模設備での醸造を学び始めた。僕はレシピの作成を担当する一方、彼は醸造の実践面をすべて把握していた。そして僕は、麦芽をシャベルで混ぜたりかき出したりする方法は頭に入っていたが、それ以外は、2kL仕込みでの大量にビールを醸造する実感がわいていなかった。しかし、物理学や化学の教師をしてきた経験は強みとなった。化学変化の基礎は理解していたからだ。例えば、デンプンが糖に分解されるときに何が起こるかを知っていた。そのため、醸造工程に小さな変更を加えたり、僕らが望む味わいになるまで毎回の醸造を調整したりするのは容易だった。

ヴェルビーハレンでのビアフェスティバルに出店するに当たっては、一番小さな空間を借りて、ベルギーの極小ブルワリー「ドゥストライセ醸造所」と共有した。彼らも当時は僕らと同じように、どちらかと言えば名は知られていなかった。僕らのテーブルには、友達グループに集まってもらい、3日間でドゥストライセ醸造所製と合せて9銘柄のビールを提供するのを手伝ってもらった。フェスティバル期間中には、米国の卸売業者2社との打ち合わせもした。彼らと合せて6社が、フェスティバル前から連絡をくれた。僕らのビールを扱う契約をしたがっていたのだ。その中から契約条件が良い2社を選び、最終的にシェルトンブラザーズ社と契約した。これが僕らの海外輸出の始まりだった。

ミッケル/ケラー

またしても生産量を増やす必要が出てきて、エンドリクとウアベクの設備では十分な量の醸造をまかなえなかった。自分たちの醸造所を立てるという投資をする気はなかった。醸造設備のために多額の借金をしなければならなくなったら、もっと「商業的な」ビールをつくり、もっと多くのビールを売るようになっていなければならなかっただろう。そんなことはしたくなかった。そこで2006年秋に、当時デンマークで最も定評のある小規模ブルワリーの一つであった、ロスキレにあるグルメ醸造所に連絡を取り、そこで僕らのビールをつくり始めた。

翌年の春、グルメ醸造所のオーナーが僕らを会議に招いてくれた。彼らは僕らがうまくいっていると思ったようで、提携事業の拡大を提案してくれた。「ミッケラーが我々のビジネスパートナーになるならば、今後もミッケラーのビールをつくろう」と言うのだ。僕は本当に嫌だなと思い、さらに、彼らのビジネスパートナーになることはビールの品質の管理が自分たちでできなくなることを意味するだろうと悟った。もしそうなったら、ビールはなるべく安く、たくさんつくられるようになるだろうし、新しいレシピの開発もできなくなるだろう。そのときまでにつくっていたビールは5銘柄もなかったし、アイデアはたくさんあった。お金を稼げるようになるのはもちろん良いことだったが、ビールをつくるのはもっと楽しかった。ケラーは僕と対照的で、彼らの提案に聞く耳を持っていて、そのことが僕らの間に摩擦を引き起こした。僕がこの取引に拒否権を行使すると、グルメ醸造所はもはや僕らのために醸造日程を空けてくれることはなくなり、醸造できる場所が突然なくなってしまった。

その後、ケラーは音楽雑誌「サウンドベニュー」のライターとしての仕事を得た。ミッケラーの仕事は掛け算で増えていたものの、彼は僕ほどミッケラーのための仕事はしなくなった。バーや酒屋にビールを届けなければならなくなることが突然起こる一方で、同時に醸造や経営の管理もしなければならなかった。だから僕は、自分のだけのレースを走ることにした。デンマークのあるブルワリーから推薦してもらい、ベルギーのドゥプロフ醸造所に連絡を取ることにし

た。これは重大な瞬間となった。彼らは規模が大きく、僕らも大量のビールをつくる機会が得られたのだ。ドゥプロフのオーナー兼ブルワーであるディアク・ナウツと僕は、一緒に組むのに相性がいいとすぐに分かった。彼は技術に明るく、僕はたくさんのアイデアを持っていたからだ。

2007年8月、ケラーが前年の利益の半分を得た上でミッケラーを去ることに、僕らは合意した。その間、生産と売り上げは順調に伸び、ミッケラーではしなければならないことがどんどん増えていった。僕はあらゆる仕事を処理した。輸出用ビールの梱包、配送、VAT（付加価値税）、関税、税金、食品管理当局、デンマークリターンシステム（デンマークでの瓶と缶の預かり金システム）の処理、そしてウェブサイトの更新、ラベルのデザインまでもだ。さらに、生徒の数学の課題の採点や、学校での授業もしていた。毎日朝6時から深夜まで働いていたのだ。当時、ペニールは新聞社でフルタイムの仕事をしていて、ほとんど顔を合わせることもなく、ほぼ平行した生活を送っていた。長い目で見れば、僕らの関係は続かないことは明らかだった。そして2008年の春に僕が父親になると分かり、さらに自分自身を変えなければならないことも分かった。最初にしたことは、初めての従業員としてトーマスを雇うことだった。彼はビールに夢中で、コペンハーゲンIT（情報技術）大学でミッケラーのことをテーマにした卒業論文を執筆中だった。その論文執筆の一環として、ミッケラーのウェブサイトを管理し、三脚なしで気軽に撮影した、短くて笑える動画を作り、サイトに載せ始めた。動画はビール界隈ですぐに大人気となった。そして、妥協のない、反抗的な企業というミッケラーのイメージづくりに貢献した。

トーマスは卒業論文を提出すると、ビールの配達をはじめ、あらゆる仕事をするようになった。僕は学校での仕事はパートタイムに変えたが、それでも教師であることに不満が募る一方だった。生徒たちと良い関係を築くことも、自分の仕事にきちんと向き合うこともできなかった。そうは言っても、教えることは好きだった。そして、自宅の仕事部屋で一人で座っているときに、同僚や彼らとのチームの一員であることを思い出すと、気持ちが上向いた。しかしながら、2008年から2009年にかけてビールの生産と売り上げが劇的に増加したため、翌年には思い切って、教師の仕事をすることは完全に諦めた。

以来、ミッケラーは順調に成長してきた。現在では、世界中を飛び回り、輸入代理店に会ったり、ビアフェスティバルに参加したり、講演やビールのテイスティング会を開催したりしている。僕のビールはベルギー、ノルウェー、米国などの小規模ブルワリーで醸造され、世界40カ国以上に輸出されている。さらに、ミッケラーはコペンハーゲンに2軒、サンフランシスコに1軒、バンコクに1軒と、計4軒のバーを開店した。そして僕は毎日、コペンハーゲンのヴェスターブロにあるフリーアドレス式の職場で、10人の社員と一緒に働いている。

僕にとって、ビールはビジネスになってしまった。だけど、新しいレシピを考え、そして何よりもその出来上がりのビールを味わう楽しさは、変わらない。ランニングなどに没頭していたときは、「これ以上はできない」「可能性が尽きた」という限界が自然とできていた。しかしビールの世界は広大で、今でも新しいプロジェクトや新しいビールのために、新しいアイデアをたくさん得続けている。

そうしたアイデアは、サルミアッキ（カンゾウ（リコリス）と塩で味付けた菓子）を口に含みながら柚子ジュースを飲んでいるときや、仕事の合間にただ楽しむだけのためにチェリーワインの残りをスタウトに混ぜているときに、やって来る。そして特に、海外のブルワーや料理人、自分の仕事に夢中になっている人たちに会いに行くときにも。

第2章

副葬品、未開人たち、そして僧侶たち
ビールの略史

KAPITEL 2

GRAVØL, BARBARDRIK & MUNKEBRYG

EN KORT HISTORIE OM ØL

ノアは箱舟に載せ、エリザベス1世は朝食に飲み、エジプト人は墓に一緒に入れた——。ビールにまつわる多くの物語や神話がある。しかし事実は、この発酵飲料は穀物が日常的に栽培されてきたのと同じくらいの期間である8000年近くもの間、醸造されてきた。そしてその間に、さまざまな形態や役割を備えた。

古代のビールは、酵母の香りがするパンを砕いて作ったお粥のようなものだった。ビール醸造に関する最古の証拠の一つは、紀元前5000年に設立されたメソポタミア地方のシュメール地域にある聖地ニップールにまで遡る。そこでは、ビールの女神ニンカシが、神聖な飲み物とされるビールを神殿のために醸造していたという伝説がある。古代エジプトでは、ビールは最も一般的な飲み物であり、ピラミッドの建設に従事して喉が渇いた人たちが大量に飲んでいた。ビールとその醸造法については、紀元前2900年につくられた墓のレリーフや供物リストの中で詳細に論じられている。

ビール醸造は穀物栽培の知識とともに、中東から地中海、そして現在のドイツや北欧へと広がっていった。ローマ帝国ではビールは大衆のための飲み物となり、上流階級の人々はワインを飲み、ビールを飲む習慣は「野蛮なゲルマン人のもの」と見下していた。北欧と東欧ではビールはあらゆる家庭で日常的に飲まれており、各家庭では栄養豊富な飲み物として1日に約1L飲まれていた。消費量は中世からルネサンス期にかけて大幅に増加し、金持ちも貧者も一日中飲み、「ビールの黄金時代」と言える時代を迎えた。当時は塩分の多い食べ物が多く、それでいて清潔な飲料水があまりなかったことを考えると、大人が1日に6Lのビールで喉の渇きを癒やすことは不思議ではなかった。ビールの発酵は自然に起こり、今よりも色が濃く、アルコール度数は低かった。そしてベリーや香り高い植物を混ぜ合わせたもので味付けされ、保存された。

自家醸造したビールを税として教会へ納めるのは一般的な手段だった。概して、ビールは聖職者にとって大切なものだった。彼らはアルコールの強さや味わいについて特別な要求を出していた。ビールを飲まない聖職者は軽んじられ、

修道院の僧侶たちはお金を稼ぐためと断食中に飲むために、ビールをつくっていた。北欧では、ビールはヴァイキング時代の重要な飲み物であり、北欧神話の物語の中では当たり前のように登場する。デンマークでは、ビールつくられていたことを示す最も古い証拠は「エクトヴィズの少女〔訳注：デンマークのヴァイレ近郊にある村エクトヴィズで1921年に発掘された16〜18歳の女性の遺体〕」の墓から発掘され、青銅器時代の中頃の紀元前1370年のものと推定されている。ヨーロッパの他の地域でも同様に、その後ビール醸造は農耕文化の重要な特徴となり、広く普及していった。

19世紀初頭に入ると、産業革命がもたらした技術的進歩により、新しいビール醸造法と基準が生まれた。デンマークでは、カールスバーグの創業者J.C.ヤコブセンが1847年に科学的な方法論を採用することで、自家醸造の伝統を打ち破り、体系的なビール醸造を開始した。まず、バイエルンの伝統的な方法に触発され、下面発酵で長めの熟成をかけるビールをつくり始めた。そして1883年、同社の研究者であるエミール・クリスチアン・ハンセンが、純粋酵母の培養〔訳注：醸造で使いたい1種類だけの酵母を取り出し（単離し）、それだけを培養すること。この技術が生まれる前は、複数の酵母が毎回さまざまな数で存在する状態で発酵が進められ、出来上がりが安定しなかった。〕に成功したことで、下面発酵ビールの世界的な大量生産の種が蒔かれ、「カールスバーグ帝国」の成立は確実なものとなった。純粋酵母と近代的な実験・研究方法の開発は、今日のビール醸造に革命をもたらした。これにより、下面発酵ビールの優位性が確立し、そのため上面発酵ビールの生産が減少し、第二次世界大戦後の欧米の小規模ブルワリーやパブからは、上面発酵ビールがほとんど根絶されてしまった。

1990年代に入ると、カールスバーグ、バドワイザー、ハイネケンといった巨大なビール会社が「ビールとは何たるか」の基準をしっかりと設けているかのようになった。そしてそれは、小規模醸造革命が本当に定着し、欧米でのビールに対する認識を変えていくまで続いた。

第3章

小規模醸造とクラフトビール革命

KAPITEL 3

MIKROBRYG & ØLREVOLUTIONEN

ミッケラーの物語は、ホップ、努力、野心から成る個人的な物語だ。同時に、デンマークの小さなブルワリーが21世紀初頭に、かなり広範にわたる風潮に巻き込まれていく物語でもある。言い換えれば、1970年代に北海の反対側、さらには大西洋を越えた向こうで始まったビール革命だ。

すべてはブリテン諸島での消費者革命から始まった。1971年3月のある日、4人の若い英国人男性がアイルランドのダンキン村にあるクルーガーズバーという店でビールを楽しんでいた。英国は戦後の不景気のため、ウィットブレッドやギネスなどの大手ビールメーカーが自由を得すぎていて、4人は味気ない大量生産のビールにうんざりしていた。彼らは母国でビールを復権させたいと考え、消費者団体を立ち上げることを決意し、「リアルエール復権運動」が正式に誕生した。

この草の根運動の会員数はその後数年で着実に増加し、1973年にはCAMRA（Campaign for Real Ale、カムラ）と改名された。CAMRAは、高品質のビールを振興し、小規模のビール醸造所とパブ、消費者の権利を保護することを目的としている。CAMRAのメッセージはその後数十年の間に英国を超えて世界各地に広がり、各地で支部や同様の組織が生まれていった。

1970年代に入ると、米国西海岸のクラフトブルワーも動き始めた。その一人が、ジョン・'ジャック'・マコーリフだった。1960年代の終わりに米国海軍と共にスコットランドに派遣されたマコーリフは、英国産のペールエールとラガーの味わいを知り、サンフランシスコに持ち帰った。その数年前の1965年、著名な洗濯機メーカーの後継者で裕福なフリッツ・メイタグは、サンフランシスコのバーに座って、彼のお気に入りのビールであるアンカースチームを注文した。バーのオーナーは、アンカーブルーイングが倒産の危機に瀕していることを密かに告げた。サンフランシスコの湾岸地域がバドワイザーに支配されるのを避けるためには、何かをしなければならなかった。そしてメイタグは翌日、アンカーブルーイングの株式を51%買い、4年後には完全に買収した。マコーリフはメイタグのものになったアンカーブルーイングに触発され、ニューアルビオンブルーイングという自身の小規模ブルワリーを、1976年にカリフォルニア州ソノマに立ち上げた。経営は6年強しか続かなかったが、その間にケン・グロスマンを含む多くの追随者が触発されるという影響を与えた。

グロスマンは子供のころから、友人の父親にビールの自家醸造を教わり、1976年にカリフォルニア北部のチコという町で自家醸造器具店を開いた。彼はマコーリフの専門的な指導の下、ビジネスパートナーのポール・カムシと一緒に自分の醸造所を立ち上げた。それがシエラネバダブルーイングだ。当時、米国の自家醸造者は、良質のホップを手に入れるのが困難な状況にあった。そのため、グロスマンはチコからはるばるワシントン州ヤキマまで車を走らせ、地元の販売店から直接ホップを購入し、ホップの毬花を詰めた旅行カバンと共に戻った。そして1980年にグロスマンとカムシは、自家製の醸造設備と廃棄されていたドイツ製の銅製煮沸釜を使い、今や世界的に有名となり、ホップがよくきいている「シエラネバダペールエール」の醸造を始めた。この銘柄は米国のビールの歴史の中でも象徴的な地位を獲得し、グロスマンとカムシの多くの追随者が自分たちのペールエールをつくるようになった。

上記のアンカー、ニューアルビオン、シエラネバダというカリフォルニアの三つのブルワリーは、その後数十年で爆発的に発展した米国小規模ビール醸造運動の最大の先駆者になった。1965年からの30年間で米国の小規模ブルワリーの数は5倍に増え、米国のホップ農家は小規模ブルワリーによる高品質なホップの需要に応えるようになった。カスケード、アマリロ、チヌークといった米国品種のホップの栽培を拡大したり、古くからあるホップ品種同士を交配して新品種を開発したりしたのだ。これらすべてのおかげで、米国の小規模ブルワーたちは柑橘類やブドウのような特徴的な香りを得られるようになり、英国発祥のペールエールやIPA（インディアペールエール）をより過激で力強い味わいに解釈し、醸造できるようになった。

小規模ビール醸造の進化において重要な役割を果たしたもう一つの国が、ベルギーだ。英国や米国でビール革命が始まるずっと前から、シメイ、ウェストフレテレン、オルヴァルといったベルギーの小規模で伝統的なトラピスト（厳律シトー修道会）ブルワリーでは、現在よく知られている下面発酵のラガーとは大きく異なるビールをつくってきた。多様な特徴を持つ上面発酵のエールだ。1990年代には、修道院の僧侶たちによるビール醸造が国境を越えて注目され始め、CAMRAやカリフォルニアで新たに立ち上がってきた小規模ブルワリーとともに、小規模醸造ビールの流れという大動脈を形成するようになった。数十年後にはその他の地域にもゆっくりと広がり、数え切れないほどの自家醸造者たちが触発を受けて大手ビールメーカーに対する挑戦を始め、消費者がビールの品質に対する要求を高めるきっかけとなった。

「おそらく、世界最高のビール」

シエラネバダやアンカーがつくるような米国のペールエールや、ベルギーのトラピストビールが、デンマークでも売られるようになったのは、1990年代末。1998年にビール愛好家の小さなグループによって、CAMRAのデンマーク版と言える「デンマーク・ビールファン」が設立された後のことだった。そのうちの２人、アナース・イヴァルとスーアン・ホウムラーは、実は小さなワインクラブのメンバーだったが、ブリュッセルへの度重なる出張でトラピストビールの存在を知るに至った。彼らはビールクラブ「KØLIG（デンマーク語で「ビールを愛する人々のためのクラブ」を意味する頭字語）」を設立することを決め、そのメンバーだけのために輸入したビールの小規模な直売会も始めた。彼らはウェブサイトを通じて、国際的な銀行のビアクラブ「四季」やクラフトビールの醸造家オレ・メドセンと提携し、一緒にデンマーク・ビールマニアを立ち上げたのだ。

CAMRAの創設者たちと同じように、デンマーク・ビールファンのメンバーたちは、デンマークではカールスバーグやツボルグのような大量生産のビールに、うんざりしていた。彼は、最低限の品質を保ったクラフトビールをビールの世界に取り戻し、「おそらく、世界最高のビール」というカールスバーグの標語に疑問を呈することにより、デンマーク人のビールの常識に異議申し立てをしたかったのだ。カールスバーグとツボルグの「つまらない」ビールについて、物議を醸す主張と建設的な批判でもって、デンマーク・ビールファンは国内メディアでそうした主張を広めることに成功した。彼らの最初のビアフェスティバルは、2001年にコペンハーゲンのウスターブロにあるレミセンで開催され、外国の小規模醸造ビールへの関心を高め、需要も喚起した。

これがデンマークの自家醸造者たちが生まれるきっかけとなった。最初に始めた一人に、グリプスコウ出身のITコンサルタント、アラン・ポールセンがいた。彼は1995年から自宅の地下室で醸造を始めていた。40L仕込みの銅製の醸造設備も構築し、それでつくったビールにはブルックハウスIPAも含まれている。この銘柄は、2002年のデンマーク・ビールファン・フェスティバルで「今年誕生の新しいビール」部門で受賞を果たした。

工業的に造られた特徴のないビールに飽き飽きしていたのはもう一人いた。元カールスバーグのブルワー、アナース・キスマイアーだ。彼は2003年にホイスゲデにヌエブロという野心的なブルワリーを開設した。そこには、「料理に合わせるためのビール」ではなく「ビールに合わせるための料理」を提供するレストランも併設された。これによりデンマークでは、ビールがスティックパンやホットドッグ以外の食べ物と一緒に楽しめる、より文化的な飲み物として注目されるようになった。

デンマークの小規模ブルワリーは、2005 年から 2008 年にかけて全土で生まれていった。この間に誕生したのは71で、逆説的なことに、国内全体のビールの売り上げは減少した（ドイツとの国境地帯では、ドイツに行って買うビールの量が増加したことも一因）。消費者はビールの量よりも質を求めるようになり、小規模ブルワリーは本物であることと物語性を伝えるようになった。醸造責任者たちは以前は無名だったが、表舞台に出るようになり、自分たちのブランドの一部になった。

スーパーマーケットのイアマ、レストランのメド&ヴィン・イ・マガシン、そしてデパートや多くのビール専門店も、小規模醸造ビールの販売を始めた。するとビールは、2000年代の景気回復期に生まれた美食文化には欠かせなくなり、人々が喜んで大金をはたいて飲むものにもなった。同時に、世界中のビール愛好家がソーシャルメディアを通じて独自のネットワークを構築し、さまざまなビールの銘柄やブルワリーを評価するようになった。特にレイトビアでのレビューが代表的だ。こうした在り方を通して、新しい様式のビールが学生文化の中にも浸透し、彼らは安売りのビールをたくさん飲むことはやめ、代わりに、シャンパンに用いるような瓶に詰められた小規模醸造ビールを楽しみ始めた。

2007年は新しいブルワリーが毎月誕生した。しかしそれらの多くはよりたくさんの大衆に訴求することを狙っており、特徴のないビールを醸造していた。そうした状況は、同年のサブプライム住宅ローン危機を発端とするリーマン・ショックと、それに連鎖した国際的な金融危機の影響を受けて、重大な結果が生まれていった。例えば、アラン・ポールセンのブルックハウスは同年に600kLのビールを醸造していたが、わずか2年後には、先進的なステンレス製の醸造設備に何百万ドルもの投資をしていた他の多くの国内ブルワリーと同様に、事業を終えた。金融危機を無傷で乗り切ったブルワリーの約58%は、スケンズ醸造所やヌエブロ醸造所のようにコープやイアマなどのスーパーマーケットチェーンと条件の良い契約を結んでいたか、ケーエにあるブラウンスタインやチステズ醸造所のように地元からよく応援されていた。ミッケラーは幸いなことに海外市場で確固たる足場を築いていて、輸出に注力する道を選んだ。国際的な道で状況の打開を図った国内の小規模ブルワリーは、僕らの他にはなかった。

小規模ビール醸造革命は、経済的な苦境に立たされているにもかかわらず、デンマークや国際的なビールの状況を永遠に変え、金色に神々しく輝く酒に対する認識を永久に変えた。今日では、ビールはもはや、喉の渇きを癒やすため、あるいは酔いを誘うために飲まれるものではなくなった。ビールは、世界中の愛好家から尊重され、大切にされ、それでいて過剰な尊崇はされることはなく、楽しまれている飲み物なのだ。

BIERE TRAPPISTE
TRAPPISTENBIER
ORVAL
0,33L
CERVEZA TRAPENSE
TRAPPISTØL
330 mL · 11.2 OZ. FL
RODENBACH
Anno 1821
BELGIUM · IMPORTÉE DE LA
MÛRI EN FOUDRES DE CHÊNE · AGED
0.3%
ALC/VOL

第４章

ビールの様式

淡色、苦め、濃色、サワー

100を超える異なるビールの様式があり、その一つひとつにはさまざまな変種がある。そのため、特定のビール醸造様式（ビアスタイル）を定義することは、意外とややこしい仕事になる可能性がある。音楽のジャンルや芸術運動は、日常的に解釈し直され、意味がひっくり返ることがある。それとちょうど同じように、ビールの様式も、世界のどこで発祥したか、どのようにつくられてきたのかによって、異なる特徴を持つ。それでも、最も重要なビールの様式を一般的な方法で分類するのは、価値がある。

KAPITEL 4

LYS, BITTER, MØRK, SUR

ØLTYPER

淡色または甘め

ピルスナー

ミッケルのおすすめ銘柄

Mikkeller
American Dream
Vesterbro Pilsner
ミッケラー
アメリカンドリーム
ヴェスターブロピルスナー

Emerson's
Pilsner
エマーソンズ
ピルスナー

To Øl
Raid Beer
トゥオール
レイドビア

Plzensky Prazdroj
Pilsner Urqell
プルゼニュスキープラズドロイ
ピルスナーウルケル

※太字はブルワリーまたはブランド名、細字は銘柄名（以下同）

ラガーの一つであるピルスナーは、世界で最もよく知られた、最も一般的なビールの様式だ。1842年にバヴァリア（バイエルン）生まれのブルワーであるヨーゼフ・グロルが、現在のチェコ共和国の西部にあるプルゼニュ（ドイツ語読みではピルゼン）のまちで最初に醸造した。バイエルンでは衛生上の理由から、ビールは保冷できる貯酒室で長期熟成と貯酒させていたため、低温で活性する酵母が使われていた。彼はこの醸造方法に着想を得た。この低温で活性する酵母は発酵タンクの底に沈殿するため、下面発酵酵母と呼ばれていた。

典型的なピルスナーは透明で、淡い黄色から黄金色をしていて、アルコール度数はだいたい4～5%。チェコのピルスナーには一般的に、副産物であるダイアセチルが含まれていて、これがビールにボディーとバターのような味わいを与えている。ダイアセチルは発酵中に発生する可能性があり、一般的には好ましくない味わい（オフフレーバー）と見なされているが、醸造家が意図的に残している面もある。

ミッケル・メモ

ピルスナーは低温で発酵させる下面発酵ビールなので、一般的には酵母の味わいはそれほど強く感じられない。そのため、ビールに含まれる他の原料の味わいを引き出しやすく、すっきりとした印象を与えやすい。しかしそれは、ラガーは一般的には特に多様性がないことにもなる。技術的には、良いラガーをつくるのは、例えば良いペールエールよりも難しい。醸造工程中に発生したミスが味わいにすぐ現れてしまうからだ。

Weihenstephaner
HEFE
WEISSBIER
PREMIUM BAVARICUM
BAYERN
Weihenstephaner
HEFE
WEISSBIER
BRAUEREIABFÜLLUNG
ÄLTESTE BRAUEREI DER WELT

ヴァイスビア（ヴァイツェン）

ヴァイスビア（ヴァイツェン）はドイツ発祥で、大麦麦芽に対して淡色の小麦麦芽の比率が高い（約60％）のが特徴。小麦には多くのタンパク質が含まれていて、それが豊かな泡立ちと、特徴的な濁りのある見た目をもたらしている。ヴァイスビアの特徴には、発酵中に生成されてバナナのような香りをもたらす芳香物質であるエステルと、フェノールもある。アルコール度数は一般的には４～６％。

ミッケル・メモ

一般的に信じられていることに反して、ヴァイスビアの味わいは小麦からではなく酵母から得られている。長い年月をかけて開発された非常に伝統的なビアスタイルだ。はっきりした特徴は簡単に失われてしまうので、扱いが難しい。例えばホップの使用量を増やすと、IPAのような味わいになってしまう。このため、ヴァイスビアとして期待される味わいはよく知られていて信頼感もあるが、個人的には、それがやや退屈なスタイルにもさせているとも思う。

ミッケルのおすすめ銘柄

Maisel
Weisse original
マイゼル
ヴァイセオリギナール

Weihenstephan
Hefe Weissbier
ヴァイエンシュテファン
ヘーフェヴァイスビア

ヴィットビア

ベルギー発祥のヴィットビアは、ヴァイスビア（ヴァイツェン）と同様に、淡色の小麦を大量に使用して醸造される。しかしヴァイスビアと異なるのは、麦芽にしていない（製麦していない）生の小麦を使用していること。そのため色は淡く、やや濁った見た目になっている。

ヴィットビアは、中世のベルギーでホップを使わずに製造されていたビールの末裔だ。保存性を高め、ひとひねりを加えるため、ブルワーたちはホップの代わりに香草と香辛料を混ぜ合わせた「グルート」を使っていた。現代のヴィットビアにはコリアンダーの種と乾燥させたオレンジの皮が加えられ、ビールに特徴的な爽やかさと香辛料らしさを与えている。デンマークでは、ヴィットビアは2000年代の初めにベルギー産のヒューガルデンという銘柄が、カフェやバーで大人気となった。アルコール度数は一般的に4～7%〔訳注：米国のブルワーズアソシエーションのビアスタイルガイドラインなどでは、高くても5.5%など、アルコール度数は基本的に高くない〕。

ミッケル・メモ

ヴィットビアはヴァイスビアに非常に似ている。しかしより軽めで、新鮮な特徴を持ち、さまざまなホップや香辛料の添加を受け入れられるので、実験的なビールづくりをしやすい。また、ヴィットらしい特徴さえ失わなければ、アルコール度数を変えてもいいだろう。

ミッケルのおすすめ銘柄

Mikkeller
Vesterbro Wit
Not Just Another Wit
Red White Christmas
ミッケラー
ヴェスターブロヴィット
ノットジャストアナザーヴィット
レッドホワイトクリスマス

Anchorage Brewing Company
Whiteout Wit Bier
アンカレジブルーイングカンパニー
ホワイトアウトヴィットビア

Brouwerij Hoegaarden
Hoegaarden White
ヒューガルデン醸造所
ヒューガルデンホワイト

ORIGINAL BELGIAN WHEAT
WIT - BLANCHE

セゾン

ミッケルのおすすめ銘柄

Mikkeller
Saison Sally
ミッケラー
セゾンサリー

Anchorage Brewing Company
Love Buzz
アンカレジブルーイングカンパニー
ラブバズ

Brasserie Dupont
Avec les Bons Voeux
デュポン醸造所
アヴェックレボンヴー

セゾン（saison）はフランス語で「季節」。もともとは、ベルギーのフランス語圏であるワロン地方の農家で冬に醸造され、農民が夏に畑で飲んでいたことが、名前の由来だ。現代のセゾンは、発酵温度としては非常に高温で発酵させていて、多様なかすかな味わいをビールにもたらしている。色は淡く、香辛料のような香りがして、アルコール度数は5〜8％程度。米国では、この素朴なビアスタイルが「農家のエール（farmhouse ales）」として再び脚光を浴びている。

ミッケル・メモ

セゾンは、非常に高い温度にして酵母の力を限界まで押し上げられるから、刺激的なスタイルだ。そのため酵母のふるまいを制御するのは難しくなるが、出来上がりの結果が予測しきれないから、実験的で楽しい。木樽での長期熟成を掛けるに値する数少ない淡色のビール醸造様式の一つでもある。

燻製ビール

ミッケルのおすすめ銘柄

Mikkeller
Beer Geek Bacon
Rauchpils
ミッケラー
ビアギークのベーコン
ラウフピルス

Ölvisholt Brugghús
Lava
オルビスホルト醸造所
溶岩

Aecht Schlenkerla
Fastenbier
アエヘトシュレンケルラ
ファステンビア

燻製ビールには、ビールにその香りが染みていく燻製麦芽が一部使われる。燻製麦芽を使って醸造されたビールは、すべて燻製ビールと呼べる。歴史的には、すべての麦芽が直火で熱せられることによって燻製されていた。乾燥させる方法が他になかったからだ。産業革命以降、ブルワーは麦芽を熱にかける新しい方法が使えるようになった。これにより、一般的には燻製ビールの製造は終わったことになったが、特定の場所ではつくられ続けた。特にドイツのバンベルクで、アエヘトシュレンケルラがつくるラウフビアが有名だ。現代の燻製ビールは、異なる種類の燻製麦芽を組み合わせて醸造されることもある。

ミッケル・メモ

明らかに制限のないカテゴリーだ。ブルワーはあらゆるスタイルを基にして、燻製麦芽を使えるからだ。穏やかで微妙な燻製香を与えられるし、スコットランドのアイラ島にあって、最も思い切って燻製香を付けているウイスキー蒸留所が使っているような燻製麦芽を、100%使ったっていい。僕は基本的に、ビールに燻製香を付けるのが特に好きなわけではないので、自分が満足できるバランスを持った出来上がりにするのは、結構難しい。

セッションビール

ミッケルのおすすめ銘柄

Mikkeller
Drink'in the Sun
Drink'in the Snow
ミッケラー
ドリンキンザサン
ドリンキンザスノウ

Evil Twin
Bikini Beer
イーヴルツイン
ビキニビア

世界の小規模ブルワリーは、アルコール度数が極端に強い木樽長期熟成に長年注力してきた後、違う方向に進み、アルコール度数が比較的低いビールを実験的につくり始めた。このセッションビールの特徴は、アルコール度数が5%を超えないことと、ホップと麦芽の比率のバランスが良いことで、飲みやすさにつながっている。そのため、味蕾が強い味で砲撃されたり、テーブルの下で酔いつぶれてしまったりすることなく、何杯も続けて飲める。

ミッケル・メモ

このカテゴリーのビールは、多くの点で「極端なビール」とは正反対だ。しかし、いくつかの点ではそうではない。なぜなら、アルコール度数0%のビールでも、アルコール度数5%のペールエールのような味わいがするなら、僕はそれを極端なビールと呼ぶ。アルコールなしで美味しいビールをつくることは本当に難しい。牛肉なしで美味しいハンバーガーをつくるようなものだ。ミッケラーのノンアルコールビール「ドリンキンザサン」の開発には、ビールには使われたことのない酵母を使って2年以上もの時間を費やした。一つのビールに取り組んだ期間としては、これまでで一番長い。

0.3%
ALC/VOL
DRINK'IN
THE

苦め

DALE'S
PALE ALE
COLORADO USA

ROCKY MOUNTAIN
COLORADO USA

ROCKY MOUNTAIN
DALE'S
PALE ALE
12 FL.OZ
(355 ml)
COLORADO USA

ペールエール

ミッケルのおすすめ銘柄

Mikkeller
K:rlekserien
All Other Pale Ale
ミッケラー
ケーレックセリエン
オールアザーペールエール

To Øl
Nørrebro Pale Ale
トゥオール
ヌエブロペールエール

Oskar Blues Brewery
Dales Pale Ale
オスカーブルース醸造所
デイルズペールエール

Three Floyds
Zombie Dust
スリーフロイズ
ゾンビダスト

ペールエールは1700年代初頭に英国で発祥(※)。労働者階級向けの茶色という濃色のエールとは対照的に、立派な中産階級を象徴するビールだった。名前の由来は、ペールエール麦芽という、比較的低温で乾燥させた麦芽を用い、それゆえかなり淡い色になっていたからだ。ラガーよりも色が濃いことはなく、金色から茶色がかった金色までの色の幅がある。1970年代から1980年代にかけて米国で開発された現代版のペールエールは、米国産ホップにがもたらす苦味と顕著な柑橘系の香りが特徴。一般的にアルコール度数は4〜6%。

ミッケル・メモ

1990年代末に僕が米国の小規模ビール醸造に注目し始めたきっかけが、シエラネバダのペールエールだった。このビールは今日に至るまで、極端な個性はないが、味わいが素晴らしいので、小規模醸造ビールの入門銘柄として最適だと思っている。一般的にこのビアスタイルは、あまり堅苦しくないビール好きに紹介しやすい。端的に言えば、ほとんどの人はペールエールが好きだ。また、ホップという面で無限の可能性があるので、醸造するのが楽しいビアスタイルでもある。

※Martyn Cornell "BEER: The Story of the Pint"やGarrett Oliver編 "THE OXFORT COMPANION TO BEER"によれば、18世紀の英国に見られるペールエールは単に「淡色のエール」を指し、具体的である程度統一的な製法は当時確立されていないようである。製法として確立していくのはやはり、IPAが成立し、その特徴が弱められることによって生まれたペールエールを待たなければならない。

発酵

上面発酵

上面発酵のビールは高温（一般的には18～22℃）で発酵する。その過程では、酵母は液体の上に集まって厚い層を形成する。発酵期間は短く、わずか3～6日。瓶の底に酵母が残っていて、濁っていることも少なくない。広く使われている名前は「エール」だ。

下面発酵

上面発酵とは対照的に、下面発酵のビールは低温（一般的には11～12℃）で1～3週間かけてゆっくりと発酵する。酵母は発酵タンクの底に集まり、ビールから簡単に取り除くことができる。そのため、下面発酵のビールは大抵は透明。広く使われている名前は「ラガー」だ。

自然発酵

ビールの最も古い形態がこれ。麦汁に酵母を加える代わりに、ブルワーは麦汁を入れた容器にフタをせずに置いておく。空気中を漂う天然酵母や細菌に「感染」させるためだ。その結果、発酵およびそれによってもたらされるビールの味わいは、空気中の微生物の組み合わせに左右される。

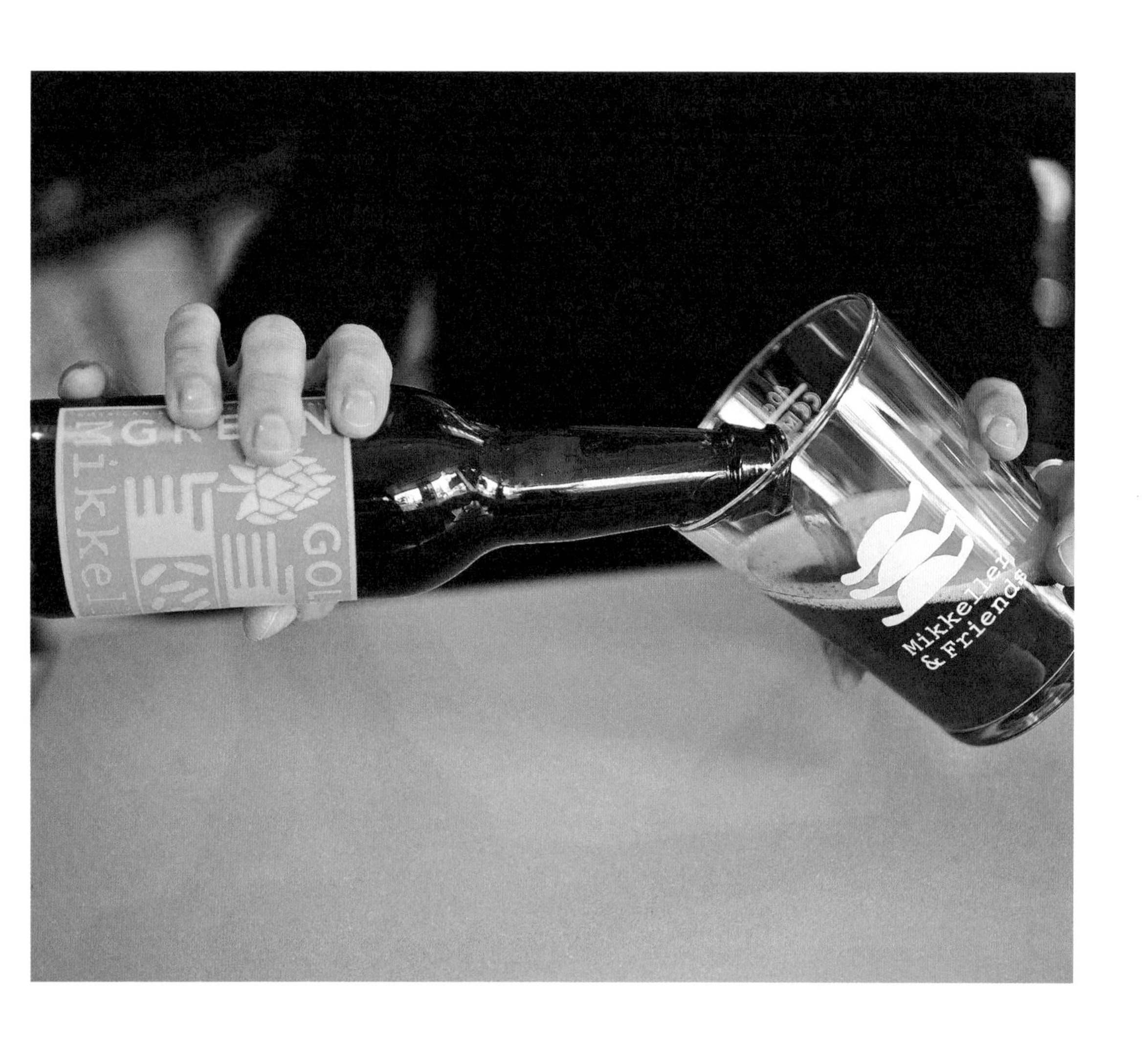

IPA

今ではよく知られているIPAの起源に関する風説によると、1700年代の終わりに英国のブルワー、ジョージ・ホジソンがこのビール醸造様式を発明した〔訳注：Martyn Cornell "Beer: The Story of the Pint"によれば、この風説は日本だけでなく英国でも流布しているようだが、明確な証拠がない。名実共にIPAと呼ばれる飲み物の登場は、バートンオントレントのブルワリーによる参入を待たなければならない。〕。ホジソンは、インドにある英国植民地にビールを船で運ぶという任務を受け、長旅に耐えられるようにホップを追加し、アルコール度数を高めた〔訳注：同書によればこれにも証拠がない。〕。またオーク樽で貯酒したことで、ビールに独特の複雑さと苦味が生まれ、非常に人気を得た。IPAは通常のペールエールと同様に、その後、米国西海岸のブルワーたちが洗練させ、米国産ホップがもたらす特徴的な苦味とフルーティーな香りが備わった。IPAは一般的に、通常のペールエールよりもやや濃い色（濃い金色から赤みがかった琥珀色）をしていて、アルコール度数は6～8%。

IPAの細分化としては、インペリアルIPA（IIPA、ダブルIPA）と呼ばれるものがあり、アルコール度数が高めで、ホップももっとたくさん入れられている。単一の品種のホップだけを使っている場合は、シングルホップIPAと呼ばれる。

ミッケル・メモ

僕がビールづくりを始めるきっかけとなったのが、まさにこのIPAだった。初めてつくったとき、ホップをいかにビールの中心となっていて、新鮮で花のような味わいがすることを体験した。IPAが持つ可能性は無限大。ホップの種類が非常に多く、さらに常に新しいタイプのホップが生まれ続けていて、常に発展を遂げている世界が広がっているからだ。その結果、僕らがミッケラーで量を最も醸造してきたビアスタイルともなっている。

ミッケルのおすすめ銘柄

Mikkeller
Green Gold
Single Hop IPA-serien
Crooked Moon Tattoo dIPA
I Beat yoU
ミッケラー
グリーンゴールド
シングルホップIPAシリーズ
クルックドムーンタトゥーダブルIPA
アイ、ビート、ユー

Surly
Overrated West Coast IPA
サーリー
過大評価のウエストコーストIPA

AleSmith
IPA
エールスミス
IPA

Russian River
Pliny the Elder
ラッシャンリバー
大プリニウス

Three Floyds
Dreadnaught
スリーフロイズ
こわいもの知らず

生ホップエール

生ホップエールは、完全に新鮮なホップのみを加えた上面発酵のビールだ。年に一度、ホップの収穫期にのみ醸造される。世界最大のホップ生産地域である米国ワシントン州ヤキマでは毎年、ホップの収穫が終わった後の10月に「フレッシュホップフェスティバル」が開催される。このフェスティバルで提供されるビールはすべて、24時間以内に畑から収穫してビールに投入するまでの間が24時間以内でなければならない。

生ホップエールは主に米国西海岸で醸造されていて、一般的にはペールエールやIPAという、ホップを多く使うスタイルが基になっている。

ミッケル・メモ

僕の意見としては、このビアスタイルはヨーロッパで醸造するのは難しい。ヨーロッパ品種のホップは、収穫して新鮮なままビールに使うのに特に適しているわけではない。何度か試したことがあるが、結果はやや物足りなかった。

ミッケルのおすすめ銘柄

Great Divide
Fresh Hop Pale Ale
グレイトディバイド
フレッシュホップペールエール

Surly
Wet
サーリー
ウェット

Sierra Nevada
Harvest Ale
シエラネバダ
ハーベストエール

濃色

ブラウンエール

濃色

18 世紀の英国では、ブラウンエールという言葉は、茶色の麦芽を使用して出来上がりも茶色になっているビールの総称として使われていた。20世紀には、スコティッシュ&ニューカッスルやウィットブレッドなどの大規模なブルワリーが、それぞれ独自のブラウンエールをつくって成功を収めた。ブラウンエールは他の多くの英国発祥のビールと同様に、1980年代に米国のブルワーによって、よりアルコール度数が強く、よりホップがきいたスタイルに再解釈された。米国風のブラウンエールには概して、焙煎した麦芽がもたらすカラメルやチョコレートの香りが備わっていて、適度な苦味もある。アルコール度数はだいたい3〜7%。

ミッケル・メモ

ブラウンエールは、ポーターとペールエールの混成とも言える。両方のスタイルの良いところを取り入れることができるので、つくるのは面白い。ケラーと僕がデンマーク・クラフトブルーイング大会で金賞を獲得したのは、ブラウンエールだった。

ミッケルのおすすめ銘柄

Mikkeller
Jackie Brown
ミッケラー
ジャッキーブラウン

Cigar City
Maduro Brown Ale
シガーシティー
マデューロブラウンエール

The Kernel
India Brown Ale
ザ・カーネル
インディアブラウンエール

Mikkeller
& Friends
Mikkeller
& Friends
Stefansgade 35,
Copenhagen
Mikkeller
& Friends
Stefansgade 35,
Copenhagen
Stefansgade 35,
Copenhagen
TEXAS
RANGER
Mikkeller
Stefansgade 35,
Copenhagen
Stefansgade 35,
Copenhagen
Mikkeller
& Friends
Stefansgade 35,
Copenhagen
Mikkeller
& Friends
Mikkeller
& Friends
Stefansgade 35,
Copenhagen

スタウト/ポーター

ビールの世界では、ポーターとスタウトの違いについて意見が分かれている。ポーターは19世紀の英国で、港の運搬人（ポーター）のために、より栄養価の高いビールとして醸造されたことからその名が付いたという説がある。一方、スタウトという言葉には「味わいの濃い」「飲みごたえのある」という意味があり、後にアルコール度数が高めのポーターを指すようになった。名前はどうあれ、これらの濃色ビールの特徴は、濃厚でまろやかな味わいに、コーヒーやチョコレート、またはナッツのような香りだ。こうした香りは濃色に焙煎された麦芽や、焦がした大麦からもたらされる。アルコール度数は4～8%で、苦味は概ねほどほどの強さ。スタウトには、ドライスタウトなどの分類がある。ドライスタウトはアイルランド発祥でギネスが代表銘柄。濃い色をしているが、アルコール度数は3～5%と低めで、爽やかでボディーが軽めなのが特徴だ。他の分類には、発酵時に乳糖を添加するミルクスタウトもある。

ミッケルのおすすめ銘柄

Mikkeller
Beer Geek Breakfast
Texas Ranger
Milk Stout
ミッケラー
ビアギークのあさごはん
テキサスレンジャー
ミルクスタウト

Three Floyds
Moloko Plus
スリーフロイズ
モロコプラス

St. James's Gate
Guinness
セントジェームズゲート
ギネス

ミッケル・メモ

この様式のビールは、僕の心の中の特別な部分を占めている。なぜなら、ミッケラーの冒険のすべてのきっかけとなったのは、「ビアギークのあさごはん」というスタウトだったからだ。多くの人が、スタウトやポーターはボディーが重く、アルコール度数が強くて飲みにくいと見なしている。しかし今日では、オーツ麦、コーヒー、果物、トウガラシ、バニラなど、考え得るあらゆる原料を使って、さまざまな様式のスタウトをつくることもできる。このスタイルの特徴の一部を変更し、もっと複雑な出来上がりにすることだって可能だ。

インペリアルスタウト

ミッケルのおすすめ銘柄

Mikkeller
Beer Geek Brunch Weasel George
ミッケラー
ビアギークのあひるごはん・イタチジョージ

AleSmith
Speedway Stout
エールスミス
スピードウェイスタウト

Cigar City
Hunahpu's Imperial Stout
シガーシティー
フナプズインペリアルスタウト

「インペリアルスタウト」または「ロシアンインペリアルスタウト」という言葉はもともと、19世紀に英国がロシアの宮廷に向けて輸出したスタウトを指す言葉として使われていた。船での長い旅に耐えられるよう、アルコール度数を高くして醸造された。現代のインペリアルスタウトでは、アルコール度数が高い分、苦味ないし甘味、またはその両方を強めることでバランスを取っている。インペリアルスタウトは必ず濃色で、アルコール度数は概ね9%から18%までと高い。近年、凍結濃縮でアルコール度数が高いビールをつくる方法が盛んになり、アルコール度数が50%を超えるビールもできるようになった。

ミッケル・メモ

レイトビアのトップ50銘柄を見ると、インペリアルスタウトは概ねビアギークの間で非常に人気があることが分かる。この特殊なビアスタイルは、高いアルコール度数と強い風味を持つことにより、最も極端なレベルの実験にも耐えられるからだ。また、どんな種類の木樽でも熟成させることができ、常に新しいことを試せる。例えば、僕はインペリアルスタウトを24時間煮詰めてタールのような粘り気を出し、バニラを大量に加えて、ビールにケーキのような味わいを与えてみたことがある。これは他のビアスタイルではできないことだ。

AleSmith
SPEEDWAY
STOUT™
STOUT BREWED WITH RYAN BROS.™ COFFEE BEANS
San Diego, CA ▲ Net Contents 1 Pint 9.4 Fl. Oz.

サワー

ランビック
自然発酵ビール

ランビックは自然発酵のビアスタイルだ。酵母を添加しない代わりに、麦汁を空気中の細菌や野生酵母にさらし、それらによって発酵が始まる。この発酵方法により、ランビックにはブレタノマイセス酵母の特徴である酸味や、ワインのような味わいがもたらされる。ブレタノマイセスは通常、カビのような、農家の庭のような、革のような香りと表現され、他のビールや伝統的なワインには好ましくないとされている。しかしランビックにはそれらが求められている。ランビックはベルギーのパヨッテンラント地域に由来していて、そこの空気には独特な組み合わせの微生物たちが含まれていると言われている。しかし近年では、他の地域でも自然発酵ビールが実験的につくられ始められるようになった。ランビックの細分化の一つに、若いランビックと古いランビックを混ぜ合わせたグーズがある。またランビックには果物が添加されることも多く、その場合は銘柄名に果物の名前が含まれる。クリーク（サクランボ）とフランボワーズ（ラズベリー）が最も知られている。

ミッケル・メモ

自然発酵させたビールは、運を天に任せる部分が非常に多いから、醸造するのに最も刺激的で独特なビアスタイルだ。樽の中でビールが熟すまでに数年かかるが、その過程を観察して、時折味見をするのは刺激的だ。間違いなく僕が最も飲みたいビアスタイルでもある。何年も木樽の中で熟成され、その時間が並外れた複雑さを醸し出したという事実を味わうことができるからだ。同時に、その独特の酸味に最初は圧倒されてしまうこともあり、初心者にはなかなか薦めづらいビアスタイルでもある。

ミッケルのおすすめ銘柄

Mikkeller
Spontan Cherry Frederiksdal
Spontansauternes
Vesterbro Spontanale
ミッケラー
スポンタンチェリーフレデリクスデル
スポンタンソウテネス
ヴェスターブロスポンタンエール

Drie Fonteinen
Framboos
ドゥリーフォンテイネン
フランボース

Girardin
Black Label Gueuze
ジラルダン
ブラックラベルグーズ

サワーエール

ミッケルのおすすめ銘柄

Mikkeller
Årh Hvad?!
It's Alive
ミッケラー
オゥヴァウ?!
イッツアライブ!

Rodenbach
Grand Cru
ローデンバッハ
グランクリュ

サワーエールはその名の通り、ランビックのように酸っぱい味がする。しかしランビックと違うのは、伝統的なエール酵母で発酵させた後に乳酸菌と野生酵母を混ぜて加えていることだ。野生酵母エールはサワーエールとは異なり、必ずしも酸っぱくなくてもよい。自然発酵エールはサワーエールの下位分類であり、多くは色が淡く、ブレタノマイセスが追加されている。

ミッケル・メモ

サワーエールの発酵はよく制御されなければならないため、ランビックと比べると、醸造していて刺激が少ない。同じ理由で、ランビックほどの複雑さを得ることはできない。ランビックよりもやや好みが分かれると言えるだろう。

BEER BIRRA CERVEZA OLUT PIWO STARKÖL
6.0% ALC./VOL. ★ 330 mL ★ 11.2 OZ. FL
GRAND CRU
RODENBACH
Anno 1821
FROM BELGIUM ★ IMPORTÉE DE LA
OP EIKEN FOEDERS - MÛRI EN FOUDRES DE CHÊNE

一般的に言って、ビールは常に冷暗所で保存すべきだ。濃色の瓶はそれ自体が中身のビールを保護する役割を果たしている。缶は、ビールにとって好ましくない味わいであるオフフレーバーの発生の原因となる日光と酸素の両方から中身を守るため、実際に瓶よりもさらに優れている。同じ理由で、缶は長年にわたって安売り製品の代名詞であってきたにもかかわらず、小規模醸造ビールの容器としてますます人気が高まっている。同時に、缶はガラス瓶よりも、ビールを詰める容易さと、製造の際の省エネルギー性で優れている。

ビールは、ワインと同じように12℃で保存するのが理想だ。最も重要なのは、動かないようにすることと、温度変化を避けることだ。ホップを多めに入れたビールは、低温が発酵を止めて劣化するのを防ぐので、低めの温度で保存すべきだ。

保存

ベルリナーヴァイセ

ベルリナーヴァイセはその名の通り、ベルリンが発祥。その歴史は1600年代にまでさかのぼり、1800年代の終わりにはベルリンで最も人気のあるアルコール飲料となった。現代のベルリナーヴァイセは、アルコール度数が3%前後と低く、醸造の過程で乳酸菌にさらされ、酸味という特徴が付けられる。

このビールはベルリンでは、小さなカップに入った緑のヴァルトマイスター（クルマバソウ）のシロップや、赤いラズベリーのシロップと共に提供されることが多く、飲む前にそれをビールの中に入れる。

ミッケル・メモ

ベルリナーヴァイセは「新参者」だ。ほんの数年前は、ベルリン以外では誰も醸造していなかったが、今では誰もが急に挑戦し始めている。セッションビールと同じように、アルコール度数を低くするけれどもある程度の味わいは付けることが課題となる。現代版では、提供時にシロップを添えるのは省略され、その代わりに醸造工程の中でベリー類を加える方法が広まってきた。

ミッケルのおすすめ銘柄

The Kernel
London Sour
ザ・カーネル
ロンドンサワー

Professor Fritz Briem
1809 Berliner Style Weisse
フリッツ・ブリーム教授
1809年のベルリン式ヴァイセ

Brodies
London Sour (Peach Edition)
ブロディーズ
ロンドンサワー（桃使用版）

高アルコール

バーリィワイン

高アルコール

ミッケルのおすすめ銘柄

Mikkeller
French Oak Series
ミッケラー
フレンチオークシリーズ

Mikkeller/Three Floyds
Boogoop
ミッケラー / スリーフロイズ
ブーグープ

バーリィワインはまず何よりも、アルコール度数の高さが特徴で、ワインのそれに近い。この強いビールはナポレオン戦争中に英国で生まれたと言われている。一説によれば、英国の紳士たちがフランスワインを飲むのは非愛国的であると考え、その代わりの飲み物としてアルコール度数が高いビールを見いだした。しかし他の情報源によると、ワインがこの強いビールに取って代わられたのは、ワインの輸入が止まったからだともされる。アルコール度数はだいたい8～12%で、大抵は濃い金色または赤みがかった色をしていて、ポートワインやデザートワインを思わせる非常に甘いワインの特徴を持っている。木樽熟成されることが多い。

ミッケル・メモ

バーリィワインは原料やアルコール度数の面で醸造中の自由度が高いから、刺激的なビアスタイルだ。同時に、さまざまな穀物を使い分けることで、多様な特徴をビールに付けることもできる。木樽長期熟成との相性がとても良いビアスタイルでもある。

デュッベル
トリペル
クアドルペル

ビールの世界では「デュッベル（2倍）」「トリペル（3倍）」「クアドルペル（4倍）」という言葉の使い方はさまざまにある。最もよく使われているのは、ベルギーとオランダのフラマン語圏に由来する三つ子のビアスタイルとしてだ。もともとは、醸造工程の中で使用した麦芽の樽の数に基づいて命名された。使用する麦芽の樽の数が多ければ多いほど、アルコール度数は高くなる。そのため現在通用する目安としては、トリペルはデュッベルよりもアルコール度数が強く、クアドルペルはトリペルよりも強い。

赤みがかった茶色のデュッベルは、トラピスト会の修道院で最もよくつくられているビアスタイルの一つ。さっぱりとした甘さとフルーティーな香りがあり、三つの中で最もとっつきやすい。今日僕らが知っているように、デュッベルは1926年にウェストマールのブルワリーで、ブルワーのヘンリク・フェアリンデンが成立させたビアスタイルである。アルコール度数は6.5～8%。

Trappist
8
BIER
8 % VOL.

Trappist Westvleteren
bevat
gerstemout
12
BIER
10,2 % VOL.

ミッケルのおすすめ銘柄

Mikkeller
Belgian Tripel
Monk's Elixir
Santa's Little Helper
ミッケラー
ベルジャントリペル
モンクズエリクサー
サンタズリトルヘルパー

Westmalle
Dubbel
ウェストマール
デュッベル

Westvleteren
12
ウェストフレテレン
12

De Dolle Brouwers
Dulle teve
ドドレ醸造所
ドゥレテーフェ

Brasserie Rochefort
10
ロシュフォール醸造所
10

トリペルはデュッベルとは対照的に、淡色で、少し濁ったラガーに似ているが、アルコール度数は8〜10%程度と高め。エステルやフェノール由来の複雑でやや香辛料のような香りもある。デュッベルと似ているのは、1956年にこのビアスタイルの名前が誕生したベルギーのトラピスト会修道院のブルワリーであるウェストマールに関連があること。しかし、このスタイルが創造されたのは1930年代だ。

クアドルペルは、アルコール度数9〜14%という強さでもって、ベルギービールの王様と言えるスタイルになっている。深い赤みがかった琥珀色と、イチジクやプルーン、干しブドウなどのドライフルーツの香りが特徴。世界で最も話題になっているビールの一つが、「ウェストフレテレン12」というクアドルペルで、その名もウェストフレテレンというまちにあるシントシクストゥス修道院の僧侶が醸造している。これまでにも何度か「世界最高のビール」と宣言されており、レイトビアでも上位5位の常連。ビアギークの間では神話のようとも言える高い評判を得ている。その一因は、僧侶たちが反商業的な販売方法を採っていることで、この修道院でしか購入ができない。

ミッケル・メモ

これらのビアスタイルは、 ベルギーの長くてかなり伝統的なビール醸造文化に基づいて定義されている。そのため、これらのビールから革新は生まれづらい。「クアドルペル」と言えば、ビールに詳しい人なら誰でもすぐに、伝説的な修道院ブルワリーであるウェストフレテレンを思い浮かべるだろう。このスタイルの範疇で、何か新しい副原料を加えるのは難しいというか、普通に考えたら不可能だ。それはさておき、個人的には、ベルギー産ではないクアドルペルは飲む気になれない。

木樽長期熟成

木樽長期熟成

このカテゴリーには、木製の樽で長期間保存されたあらゆるビールが含まれ、その結果、樽の木材の香りや前に入っていた酒の味わいが帯びることになる。前にバーボンやウイスキー、ワイン、ブランデーを入れていた樽が最もよく使用される。木樽長期熟成の工程を通して、ビールに特別な複雑さが帯びる。ほとんどの濃色でアルコール度数が強いビアスタイルは、木樽長期熟成に適している。

ミッケル・メモ

木樽長期熟成は、ビールに部分的に変更を加えたり、何かの特徴を加えたりする面で、無限の可能性をもたらしてくれる。また、木製の樽を使うと酸化が起きてしまうため、鋼鉄製のタンクで貯酒した場合とは全く異なる熟成になる。さらに、テキーラやグランマルニエ（フランスのオレンジリキュール)、自慢できる質の白ワインなどが入っていた木樽を使用することで、蒸留酒やワインの幅広い世界をすっかりビールの世界で活用することもできる。そこに大きな可能性が秘められている。例えば、「ジョージ」というインペリアルスタウトの銘柄をコニャック樽に入れ、丸1年、木と酸化の力を活用してビールを熟成させてみたところ、本当に良い出来上がりになった。

ミッケルのおすすめ銘柄

Mikkeller
Nelson Sauvignon
ミッケラー
ネルソンソーヴィニヨン

Goose Island
Bourbon Country Stout
グースアイランド
バーボンカントリースタウト

Three Floyds
Dark Lord Russian Imperial Stout
スリーフロイズ
ダークロードラッシャンインペリアルスタウト

（幕間、ビールの裏側）

MEZZO

BAG OM ØLLEN

黑(BLACK)

この銘柄の目的は、凍結濃縮なしで、色、苦味、アルコール度数の面で可能な限り思い切ったビールをつくることだ。実際には、ビールでどこまで限界に挑めるかを確かめるのが単に面白いと思っていた。アルコール度数18%、IBU（国際苦味成分単位）500、EBC（European Brewery Convention）300と、すべての特徴を最大まで引き上げた。これ以上黒くて苦いビールはつくれない。黒は非常に人気が出たが、意見が分かれるビールでもある。僕らがつくったビールの中で最高と思う人もいれば、とても飲めないと思う人もいる。一つ確かなのは、バランスの取れたスタウトを楽しむためではなく、過激な体験をしてもらうためにつくったということだ。その後、僕らは「ブラックフィスト（黒い拳）」というもっと突き詰めた銘柄を開発した。黒を異なるバーボン樽で10回樽熟成させ、アルコール度数を26.1%まで高めた銘柄だ。

1000 IBU/
1000 IBUライト

黒と同じく極端な取り組み方を採用し、世界一苦いビールをつくろうという試みたビールだ。IBU（国際苦味成分単位）の理論的な技術的限界値は100と言われるが、完全に無視している。ビール醸造の世界の一般的な認識では、IBU 100は人間の味覚がホップの苦味は感知でき、またビールに溶け込むアルファ酸の量の上限でもあるとされる。「1000 IBU」は、計算上のIBUが1000になる量のホップ抽出液を使用してつくられている。ちなみに、ありふれたラガーはIBUが10以下で、ホップが非常にきいているIPAにはIBUが100になっている銘柄もある。このビールを飲んで「とんでもなく苦すぎる」と言う人もいる。しかし黒と同様に、目的はバランスの良いビールをつくることではなく、ビールに含まれる苦味の限界を体験してもらうことだ。「1000 IBUライト」は、「1000 IBU」のアルコール度数を下げ、甘さを抑えた版。

19

僕の最も大事な協力者であるベルギーのドゥプロフ醸造所は、ミッケラーのビールの大部分を醸造している。彼らは3年間、多数回にわたる醸造と試飲を取り入れた、博士後期課程でのホップに関する研究プロジェクトを率いてきた。ミッケラーは経験的な面で協力し、「19」はその結果として生まれた。完全に実践的な観点から、異なる品種のホップを使用して19の異なるビールを醸造し、最も良いと思うビールに投票してもらう試飲会を開催した。その後、19種それぞれのホップの得票率を計算し、それに応じた割合でホップを加えたビールをつくった。ホップは例えばシムコーは17.14%、アマリロは14.29%、ナゲットとウィラメットはわずか0.71%の得票率で、それがそのまま使用率になった。このように、'19' に含まれるホップの内訳は、人々がどのホップを最も好むかに応じて、複雑な構成になった。

オゥヴァウ?!

これはベルギーの修道院ビール「オルヴァル」へのオマージュだ。オルヴァルは世界最高のビールだと個人的には思っている。ホップ、麦芽、ブレタノマイセス酵母という、ビールづくりに使われる良いものが全部完璧に組み合わさっていて、それでいて一つひとつの要素をはっきりと味わうこともできる。非常に複雑でありつつも飲みやすい。この「オゥヴァウ?!」では、いくつかの同じ原料を使い続けることを試みた。オルヴァルを醸造しているオルヴァル修道院は、森と遺跡に囲まれた非常に美しい場所にある。毎年9月に2日間だけ一般公開されている。数年前にペニールと僕はそこに行ったが、途中で道に迷ってしまい、到着が遅すぎて修道院のカフェでビールを飲むことはできなかった。そこで修道院の向かいにある家で寝泊まりして、翌日に修道院のカフェに行くことにした。それ以来、僕は神秘主義と歴史がにじみ出ているこの場所にまた行きたいと思うようになった。この修道士によって営まれている有名なブルワリーは、商業用には「オルヴァル」の1銘柄しかつくっていない。にもかかわらず、国際的なビールの舞台で、ほとんど伝説的と言えるほど卓越した地位を占めているのは、かなり独特だと言わざるを得ない。

第５章

見て、かいで、味わって、感じる ビールの味わい方

KAPITEL 5

SE, SMAG, DUFT, FØL

SÅDAN SMAGER DU PÅ EN ØL

夏の暑い日に冷えたラガーを瓶から飲むのは間違いなく楽しい。しかしビールを本当に味わいたいのであれば、グラスで飲むべきだ。瓶から飲むのは、風邪をひいて鼻が詰まっているのと同じ状況になるようなもので、何も味わうことができない。

ビールを飲むためのグラスには多くの異なる形状があり、各ブルワリーは概して自分たちのロゴをあしらった独自のグラスをつくっている。ワインと同じように、グラスはビールの香りを適切に嗅ぎ、微妙な味わいをすべて味わうために重要だ。さらに、ビールの魅力をきちんと届け、持っていて心地良い素敵なグラスから飲むのには、審美的な喜びがはっきりと感じられる。しかしながら、各ビールに適したグラスを選ぶのに、科学的に裏打ちされた手順を経る必要はない。

飲むのに適したグラス

4種のグラスを使いこなしさえすれば、肝心な点はすべて押さえられるだろう。全体的なこと言うと、淡色でアルコール度数が低めのラガー、ヴァイスビア、ベルリナーヴァイセなどの軽くて新鮮さを楽しむスタイルには、パイントグラスのような背が高くて堅牢で、脚のないグラスが適している。スタウトやバーリィワインくて濃いビールや、ベルギーのトリペルやクアドルペルのようなアルコール度数が高いビールには、脚付きのグラスがいい。

IPAやダブルIPAのようなホップがよくきいたビールは、パイントグラスや脚付きで丸みのあるグラスがいい。一方で、バーリィワインやインペリアルスタウトのようなアルコール度数が高いスタイルは、チューリップ形で脚付きの小ぶりなグラスで、少しずつ控えめの量で楽しむのがいいだろう。自然発酵ビールは、細めで脚のないランビック用のグラスで飲むのが最適だ。

小ぶりで脚のないチューリップ形グラス：

バーリィワイン
インペリアルスタウト
木樽長期熟成ビール

パイントグラス：

淡色ラガー／ピルスナー
ヴァイスビア
ヴィットビア
ベルリナーヴァイセ
ブラウンエール

大きめで脚付きの丸みのあるグラス：

IPA
ダブルIPA
軽めのスタウト
デュッベル
トリペル
クアドルペル

ランビックグラス：

自然発酵ビール
野生酵母エール
サワーエール

グラスはぬるま湯で丁寧に洗う必要がある。しかし残留物があるとビールの泡を壊してしまうので、合成洗剤は使わないようにしよう。

飲むのに適した温度

飲むときのビールの温度は、味や香りの感じ方に多大な影響を与える。冷たい温度では味の特徴が抑えられ、逆にぬるめの温度では味の特徴が強まる。もちろん、どんな温度で飲むかは個人の好みの問題だ。しかし特殊なビールを飲むときに、冷やしたグラスに凍りそうなほど冷えたビールを入れて味の特徴を殺してしまうのは、どのような状況でも意味を成さない。簡単な目安としては、飲むビールのアルコール度数の数字に2を足した温度（摂氏）にすることだ。あるビールのアルコール度数が約６％ならば、適温は約８℃ということだ。

味わいの手引き

上立ち香（グラスを鼻に近づけてする香り）と味は密接の関係にあり、さまざまな香りが味だと認識されている。基本的に、味蕾は基本五味（苦味、甘味、酸味、塩味、うま味）しか認識できない。しかし僕らがビールを味わうときには、香りや味の他にも、見た目や口当たりなどの他の面が関わってくる。

また、香りや味の感じ方には個人差があることを忘れてはならない。そこに正しいことも間違っていることもない。そして、感じ取った味と香りを言及すればするほど上手くなる。

理想的には、チーズやソーセージ、生ハムやオリーブなどのおつまみと一緒にビールを飲もう。濃いめのビールはチョコレートとの相性が抜群だ。以下の簡単な手順をぜひ実践してみてほしい。

1. 美味しそうに見える泡ができるようにビールをグラスに注ぐ。色が淡いか濃いか、透明か濁っているか、泡がたくさんできているかどうかを観察する。
2. グラスを鼻に近づけてかぎ、感知できる香り（甘味を想起させる、香辛料っぽい、焦げ香ばしい、新鮮な、など）を考えてみる。
3. ぐっと一口含み、ビールを口の中で回すようにして味わう。マウスウォッシュで口をゆすぐようにする必要はないが、ビールを単に口に含むだけでは味蕾が味をうまく感知できないことを覚えておこう。

自分の感覚を使う

ビールを味わうときは、自分の視覚、嗅覚、味覚、触覚を使うべきだ。そのためには、以下のよく出てくる用語が直感を表す言葉として使える。

見た目

色
泡の高さ
透明
濁っている
沈殿物
ビールに残っている酵母

香り

果物
ホップ
松やに
ナッツ
草
麦芽
穀物
香草
カラメル
バニラ
ハチミツ
コーヒー
ミルクなしチョコレート
カルダモン
ナツメグ
シナモン
クローヴ
黒コショウ
燻製香
焦げ
香辛料
アルコール
バター
スウィートコーン
硫黄
温野菜
酵母
腐敗油
カビ
紙、段ボール
革
酸
酢
アルコール
腐った卵
溶剤
オーク
ココナッツ
紅茶
干し草
蒸留酒

味

苦味
甘味
酸味
塩味
うま味

口当たり

柔らかい
豊か
水っぽい
なめらか
温かみのある
渋い
シュワシュワする
刺す感じ
もたれる

テイスティングシート

年月日：	10点満点で何点？：
ブルワリー名：	その他：
銘柄名：	
ビアスタイル：	
見た目：	
香り：	
味：	
口当たり：	
全体印象:	

INTER

（幕間、ビールの裏側）

MEZZO
BAG OM ØLLEN

ステラ

毎年、ビアフェスティバルのために特別なビールを醸造するようにしている。このステラはそうしたビールの一つで、長女と同じ名前を付けたので、僕にとって特別な銘柄だ。もともと、長女が生まれて間もない2009年5月のビールフェスティバルのために醸造した銘柄で、それ以来、毎年新しい版を醸造してきた。なので、最初の版は「ステラ0」、最新の版は「ステラ5」(2014年5月のビアフェスティバル用)と呼んでいる。これらのビールは150から1000L仕込み、マグナム(1.5L)瓶に詰め、すべての瓶に固有の番号を付けた。僕はすべての版の1番の瓶を取っておいてあり、娘が大きくなって飲めるようにしてある。今はポリーというもう一人の娘もいるので、彼女が「お姉ちゃんだけずるい」と思わないように、ポリーという銘柄も毎年醸造しなければならなくなるだろう。

アメリカンドリーム

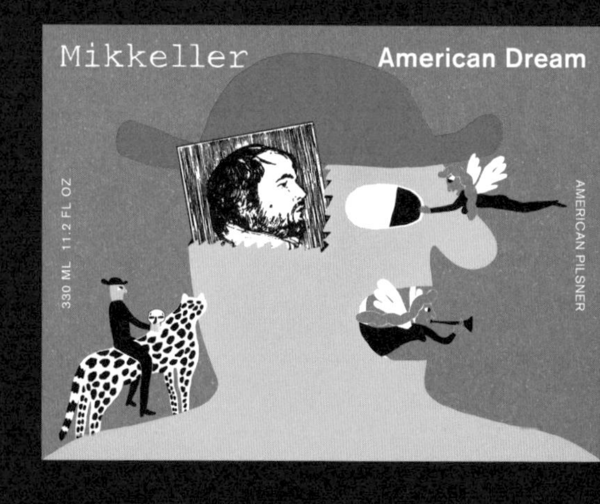

この銘柄と僕の経歴は、少々逆説的な関係にある。僕らの最も売れた銘柄であり、さらにアルコール度数4.6%のラガーであるため、ミッケラーが普段標榜している極端で画期的なビールとはかけ離れているからだ。米国クラフトビールの名品であるシエラネバダの「ペールエール」を僕なりに解釈し、2009年に初めて醸造した。非常に杯が進むが、ホップの味わいがふんだんにあり、まるでアルコール度数が7%あるIPAのようだ。

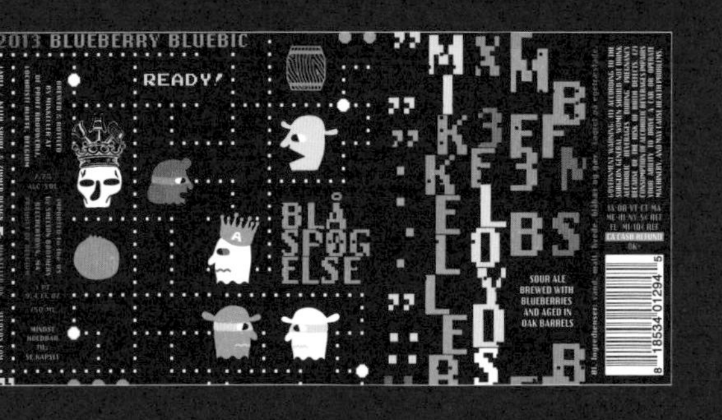

ブロー スプールセ

ミッケラーは、スリーフロイズという米国の小規模ブルワリーと提携して多くのビールをつくってきた。彼らは世界で最もかっこいいブルワリーだと思う。ホップがよくきいた他のどこよりも美味しいビールをつくっていて、世界的にも独特なイメージを創り出すことに、成功している。デンマーク語で「青い幽霊」を意味するこの銘柄は、提携してつくった最新の銘柄だ。ブルーベリーをふんだんに使った自然発酵ビールで、スリーフロイズの定番銘柄とは大きく異なる。最近では「グープ（どろっとした、粘り気のあるもの）」という、小麦、オーツ麦、ライ麦などさまざまな穀物の麦芽を使用して醸造するバーリィワインのシリーズも一緒につくっている。

メクサス レンジャー

このメクサスレンジャーは、米国の輸入代理店からの依頼でテキサス市場のために特別に醸造された、チポトレというトウガラシの一種を使ったポーター「テキサスレンジャー」に続く銘柄。基本的なレシピは同じだが、メキシコからの刺激を受けている。5種類のトウガラシ、トルティーヤ粉、アボカドの葉、チョコレートなど、メキシコ産の食材を多く使っている。僕らのほとんどの銘柄のラベルと同様に、ミッケラーのアートディレクターであるキース・ショアがラベルをデザインした。米国からメキシコへの国境越えの道路の脇に掲げられている異常な看板があり、そこには3人のメキシコ人が「Concution」と「Prohibido」の警告を掲げて疾走して道路を横切る様子が描かれている。それを風刺している。ヘンリーとサリー（キース・ショアによるミッケラーのキャラクター2人）がトウガラシを持ってメキシコへと走って帰っていく様子が描かれているのだ。

第6章

自分のビールを自分でつくろう

ビールは基本的に麦芽、ホップ、酵母、水の四つでつくられており、さまざまな香辛料で味付けされている場合もある。原料や酵母を慎重に選び、良い供給者から新鮮なものを購入することが、ビールの品質のために不可欠だ。

※酒類を製造する場合には税務署長の免許が必要となります。酒類とは、酒税法上、アルコール分1度以上の飲料（薄めてアルコール分1度以上の飲料とすることのできるもの又は溶解してアルコール分1度以上の飲料とすることができる粉末状のものを含みます。）をいい、当該製品により製造されたものがアルコール分1度以上の飲料となる場合は、酒類製造免許が必要になります。ただ、ビールの製造免許は、年間の製造見込数量が60キロリットルに達しない場合には受けることができません。購入された商品については、アルコール分1度以上にならないよう製造方法が取扱説明書に具体的に記載されていると思われますので、その注意書に沿って、アルコール分が1度未満となるようにしてください。酒類の製造免許を受けないで酒類を製造した場合は、10年以下の懲役又は100万円以下の罰金に処せられるほか、製造した酒類、原料、器具等は没収されることになります。根拠法令等：酒税法第7条、第54条（国税庁ウェブサイトから引用）

KAPITEL 6

BRYG, BREW, BROUW

BRYG DIN EGEN ØL

原料

ホップ

ホップは学名を「フムルスルプルス」と言う植物で、アサ科の多年草。自生はヨーロッパと北米にしかしていないが、栽培は他の多くの地域でされている。生産量が多いのはドイツ、米国、チェコ、ベルギーで、オーストラリア、ニュージーランド、中国、そして日本でもかなりの生産量を誇っている。

醸造用には、雌株の成熟した花が使われる。この花は、形が小さなモミの円錐状の実に似ていることから、毬花とも呼ばれる。毬花には、樹脂を含む黄色の粉末状の物質「ルプリン」が入っている。これがホップの苦味の素だ。ルプリンには、ビールの味と香りに欠かせない精油も多く含まれている。そしてこの精油が、ビールの最終的な味と香りをもたらす根本だ。

醸造においては、ホップは苦味付けと香り付けに区別される。苦味付けホップは、一般的にビールに苦味を与えることを目的として煮沸工程の最初から投入される。一方、香り付けホップは煮沸の最後に加えられ、香り（上立ち香、含み香）を与える。レシピによっては、同じ品種のホップを両方の目的で使用することもある。ドライホッピング工程は、香り付けホップを貯酒の段階で漬け込むことだ。この方法では、ホップからは上立ち香と含み香だけが加わり、苦味は付かない。ホップがビールに与える効果をお茶に例えると、ホップを煎じておく時間が長ければ長いほど、最終的に得られる苦味は強くなる。

造では、乾燥ホップかペレットホップが使える。後者は、乾燥させた毬花を粉砕し、ウサギの餌に似たペレット状に圧縮したものだ。本来の姿に近いということで、完全に乾燥させたホップを愛用するブルワーもいるが、ほとんどの小規模ブルワーにはペレットの方が好まれている。より実用的に扱えるからだ。ペレットは葉と茎を取り除いて毬花を粉砕し、さまざまな化合物がより多く得られるため、効率が良いということもある。乾燥ホップもペレットホップも真空パックで売られている。酸化を防ぐためだ。

ホップは8世紀ごろからビール醸造に使われてきた。中世の初めには、ブルワーはビールに香り、苦味を付けて、保存性を高めるために、セイヨウヤチヤナギ、ジュニパー、ヨモギなどさまざまな香草の抽出物を使っていた。その後、13世紀ごろから17世紀にかけてヨーロッパでホップが普及し、デンマークでは特にドイツから輸入するようになった。ドイツでのホップ栽培は9世紀にまでさかのぼることができる。ホップが広まった最大の理由は、その優れた味わいと、とりわけ防腐作用にある。今日では、ビール醸造における衛生状態が大幅に改善されたため、ホップの防腐作用はあまり重視されません。

ホップのほとんどの品種はヨーロッパ原産で、主にドイツ南部や英国南部で栽培されていた。栽培された土地の名にちなんで、前者であれば例えばハラタウアーミッテルフリュアー、後者であればケントゴールディングスといった名前の品種がある。化学の面では、すべてのホップ品種には同じ物質が含まれているが、その濃度にはかなりの差がある。現代に生まれたホップ品種は一般的に、伝統的な品種よりもアルファ酸の濃度が高くなっている。これは、時代を重ねて醸造に適した品種改良をしてきたからだ。

味わいの面では、伝統的なドイツ品種と、米国品種を区別すると分かりやすい。前者は土や草の香りが特徴。一方、近年の米国品種はアルファ酸が多く、口中に広がる花や柑橘類の香りが特徴だ。一般的に、米国人はホップ生産でもより実験的であり続けてきて、ヨーロッパ品種と野生の米国産ホップを掛け合わせて多くの交配種や三倍体（基本数の３倍の染色体数を持つ生物体）の品種を生み出してきた。米国で最も人気のあるホップ品種の一つであるカスケードは、英国のファグルとロシアのセレブリアンカーという品種を交配してできた。

ビールの苦味の目安「IBU」

ビールの世界では、特定のビールについてIBU（International Bitterness Units、国際苦味成分単位）という言葉をよく耳にする。具体的には、IBUはビール1mLに含まれるアルファ酸（苦味物質）量を表したもので、通常は1から100までの範囲。

Maltbazaren
Pakket: 16-10-2013, Ordre:
Mindst holdbar til: efter pakkedato
MUN Black 1 kg

麦芽

すべてのビールは、麦芽と呼ばれる発芽・乾燥させた穀物を基にしてつくられる。麦芽にすることができる穀物の種類は数多いが、大麦と小麦は多量のデンプンをもともと含んでいるので、ビール醸造に特に向いている。穀物のデンプンは、最終的にアルコールに変わる糖を形成するための基盤となる。

製麦（発芽）する前の穀物は醸造に使えない。デンプンを糖に変換する酵素が自然には含まれていないからだ。そうした酵素は製麦の工程でのみ現れる。酵素は穀粒を分解し、挽きやすくなる。それにより、デンプン粒がビール醸造に使いやすくなる。

麦芽をつくる際、穀粒は水の中で軟らかくなり、そのおかげで発芽する。しかし芽が出る前に乾燥させて発芽を止める。より正確には、（幼）根が穀粒の長さの3分の2から4分の3に達した時点で乾燥させる。焙煎温度、含水率、発芽を止めるタイミングによって、出来上がる麦芽の種類が決まる。

焙煎はビールの色と味わいに著しい影響を与える。麦芽はコーヒー豆と同じように、焙煎温度が高くなるほど色が濃く、味わいは強くなる。麦芽はそうして三つに分類される。一つ目は使用量の面で主たる淡色の麦芽。空気または風で乾燥させ、概して酵素が非常に豊富に含まれている。二つ目はキルンという窯で乾燥させた麦芽で、主となる淡色の麦芽よりも徹底的に焙煎する。出来上がりの色は褐色から黒色までの間でさまざまで、チョコレートのような香りを伴う苦味を感じることもある。三つ目はカラメル麦芽で、水分を含んだまま焙煎し、特に甘味がよく出る。

ビールに含まれる麦芽の大半は淡色麦芽で、焙煎麦芽やカラメル麦芽（これら二つは一般的に「特別麦芽」と呼ばれることもある）は、色や味わいを補うために使用される。例えば、典型的なヴァイスビア（ヴァイツェン）は淡色麦芽のみで醸造されるが、スタウトには焙煎麦芽が多く使用される。しかし主たる淡色麦芽はデンプンの主な供給源となるため、ビールには欠かせない。通常、ビールには50〜75%の主たる淡色麦芽が使われている。残りの割合は、特別麦芽、米、トウモロコシ、他の穀物、砂糖などの組み合わせの範囲で構成されている。

ビールに含まれるタンパク質もまた、麦芽からもたらされる。タンパク質の含有量はビールの見た目に大きな影響を与える。タンパク質は泡を作り出し、酵母と組み合わさってより濁った粘っこさを形成できるからだ。例えば、ベルギーのヴィットビアやドイツのヴァイスビアには小麦麦芽が多く使われていて、小麦麦芽は特にタンパク質を多く含んでいる。これこそが、これらのビールの特徴である濁りと豊かな泡を生み出している。

麦芽を購入する際、その色はEBC（European Brewery Convention）という測定単位によって定義されている。数字が大きいほど色が濃くなる。ビールのレシピの中にもEBCの数値が書かれていたり、一部のブルワリーはビールのラベルにも載せたりしている。

ビールの色(EBC)

色		EBC
	麦わら	4-6
	黄	6-10
	金	10-12
	琥珀	12-18
	濃い琥珀／淡い銅	18-28
	銅	28-34
	濃い銅／淡い茶	34-38
	茶	38-44
	焦げ茶	44-60
	濃い焦げ茶	60-70
	黒	70-80
	黒、不透明	80+

酵母

酵母はビールにとって最も重要な部分と言ってもいいかもしれない。酵母がなければアルコールも二酸化炭素も生まれない。酵母は単細胞の菌類。粉砕した麦芽から得た糖質をエタノール（アルコール）と二酸化炭素に変換するという、醸造の根本的な機能を担っている。醸造工程の後半で瓶内二次発酵をするとき、密閉された瓶の中で過度の圧力がかかると、気体の二酸化炭素がビールの中に溶け込む。瓶を開栓して「シュッ」という音とともに放出するのが、まさにこの二酸化炭素だ。酵母は、例えば果物やバターのような香りなど、数多くの重要な香気成分をビールにもたらす。そして酵母は最終的には、ビールの甘味の程度も決定付ける。甘味はある程度、酵母が発酵してきた好ましい状態によって変わるからだ。多くのブルワリーは、自分たちだけが持つ酵母を誇りに思っている。そうした酵母は何世代にもわたって受け継がれてきたものであり、各ブルワリーのビールの味わいの秘訣だとよく言われる。

酵母には基本的に下面発酵と上面発酵の２種類がある。下面発酵酵母は低温で発酵し、発酵タンクの底に集まるため、一般的には透明なビール（ラガーなど）になる。対照的に、エールはすべて上部発酵酵母が使われる。高めの温度で発酵し、ビールの上部に集まるので、一般的に濁った見た目になる。前者はラガー酵母、後者はエール酵母とも呼ばれ、それぞれの中には、さまざまなビアスタイルに用いられる、さまざまな特徴を持つ、さまざまな株の酵母が豊富に存在する。

もっとたくさんの香りを与えたり、より高いアルコール耐性を生み出したりするといった、特定の性質を持つ酵母の株を繁殖させることもできる。例えば、ベルギーの酵母の種類は非常に強い香りを生み出すが、ラガー酵母はビールにアルコールと二酸化炭素を加えることが主な機能であるため、与える香りはかなり穏やかだ。

酵母を買うとき、液体酵母か乾燥酵母から選べる。液体酵母にはかなり多くの亜種があるが、乾燥酵母は使用期限が長く、温度変化にもあまり敏感ではなく、扱いやすい。両方とも、醸造で使う前に冷蔵しておく必要がある。

デンマークでは、米国のメーカーであるホワイトラボ社とワイイースト社の液体酵母が主流だ。ホワイトラボの酵母は、プラスチック製の小さな試験管のような容器に入った液体。ワイイーストの酵母は袋に入っており、醸造の数日前に袋を押して中の小さな容器を破って中身の酵母と糖類を混ぜ合わせて、酵母を活性化させる必要がある。

ブルワーは、できるだけ効率的に酵母を増殖させるために、酵母培養液を使うことが多い。酵母の数とその活力は、ビールが発酵し始める早さに大きく影響するからだ。酵母培養液を使うことにより、醸造工程中の最も重要な期間、つまり麦汁を冷却して酵母を投入して発酵するまでを、短縮することができる。さらに、望ましくないバクテリアに曝露するリスクも低減させることもできる。家庭での醸造の場合、小瓶入りの液体酵母や袋入りの乾燥酵母があれば十分だが、「怠け者」の酵母に当たることもある。その場合は酵母培養液を使って、発酵開始に弾みを付ける必要がある（125ページも参照のこと）。

最適な醸造工程を築き上げるためには、適切な化学組成とpH（水素イオン濃度）を持つ水を用いる必要がある。多くのブルワーにとって、水は伝統や好みと大きく関係している。ボトル入りのミネラルウォーターを選ぶのに、個人の嗜好が関係してくるのと同じだ。醸造にちょうどよく向いている水の味の虜になっているブルワーもいれば、あんまり重要視していないブルワーもいる。伝統的には、醸造用水について何か調整をすることは不可能だった。しかし現代の醸造では、水からある物質を除去したり、完璧なpHとミネラル組成を得るために何かを追加したりできる。すべてのブルワリーにとって明確に定義された水の化学組成がある。それはあるべき味わいをつくり出せて、経済的かつ効果的な醸造用水をもたらしてくれる。

自宅で醸造する場合、水道水を使って全く構わない。概して、味やにおいがほとんどしない水は使える。しかし硝酸塩や塩素が多く含まれている水道水を使うと、不快で好ましくない味わいが発生しやすく、その場合はミネラルウォーターに頼る必要がある。

RIJN

香辛料

香辛料はホップと同様に、醸造工程のなかのさまざまな段階で添加できる。煮沸工程でもいいし、貯酒の段階でもいい。いずれにしても、主な目的はビールに味と香りを与えることだ。

一般的に言えば、香辛料はビールの味わいに非常に強力な影響を与えるので、ホップなど他の材料と比べてごく少量を加えることが重要だ。セイヨウヤチヤナギやセイヨウネズなどの香草・香辛料をビールに加えることは、伝統的によく行われてきた。これらはホップが使われるようになる前は防腐剤としても使われていたのだ。

ビールに使われる香辛料の筆頭は、オレンジピールとコリアンダーだ。これらはヴィットビアや他のエールに、特徴的な新鮮な味わいをもたらす。しかし今日、世界中の小規模ブルワーが、ビールに香辛料の特徴を付けることに冒険心を燃やしつつある。この冒険心に制限をかけるのは、原理的には想像だけだ。もっと極端な例を挙げると、イーヴルツインブルワリーはスペイン産のイベリコ豚の生ハムを「ビスコッティブレイクスペシャルエディション」という銘柄に入れたり、米国のドッグフィッシュヘッドというブルワリーは「セレストジュエルエール」という銘柄に隕石から採取した本物の月の塵を加えたりした。ミッケラーでは長年にわたり、バニラから、ジャコウネコの消化器系を通過したコーヒー豆（コピルアク）、コショウ、トリュフ、パッションフルーツ、アニス、シナモン、いぶしたチポトレチリまで、あらゆるものをビールに使ってきた。

設備

設備

これから取り上げる道具を導入することは、定期的に醸造することを計画している場合には優れた投資になる。幸いなことに、醸造器具は他の趣味で使われる器具の多くに比べて比較的安価であり、ことによってはかなり安く手に入れられる。例えば、醸造器具のさまざまな販売者が、初心者向けセットを90ポンド前後で提供している。しかし、もし自家醸造の虜になっているなら、より高度な器具を導入した方がいいだろう。醸造工程がかなり簡単になるからだ。

本書で取り上げる方法は、蛇口付きの電気ボイラーを使って醸造することを基本としている。この電気ボイラーがあり、きれいな水と電源が得られるなら、台所、物置、屋外など好きなところで醸造することができる。もしくは、大きな深鍋（30L）をIHヒーターやガスコンロにかけて代替する手もある。ここでおすすめするように、プラスチック製の糖化容器を使う場合は、糖化中にしっかり保温するために、ゴムや同じくプラスチック製の当てものでくるんだ方がいい。

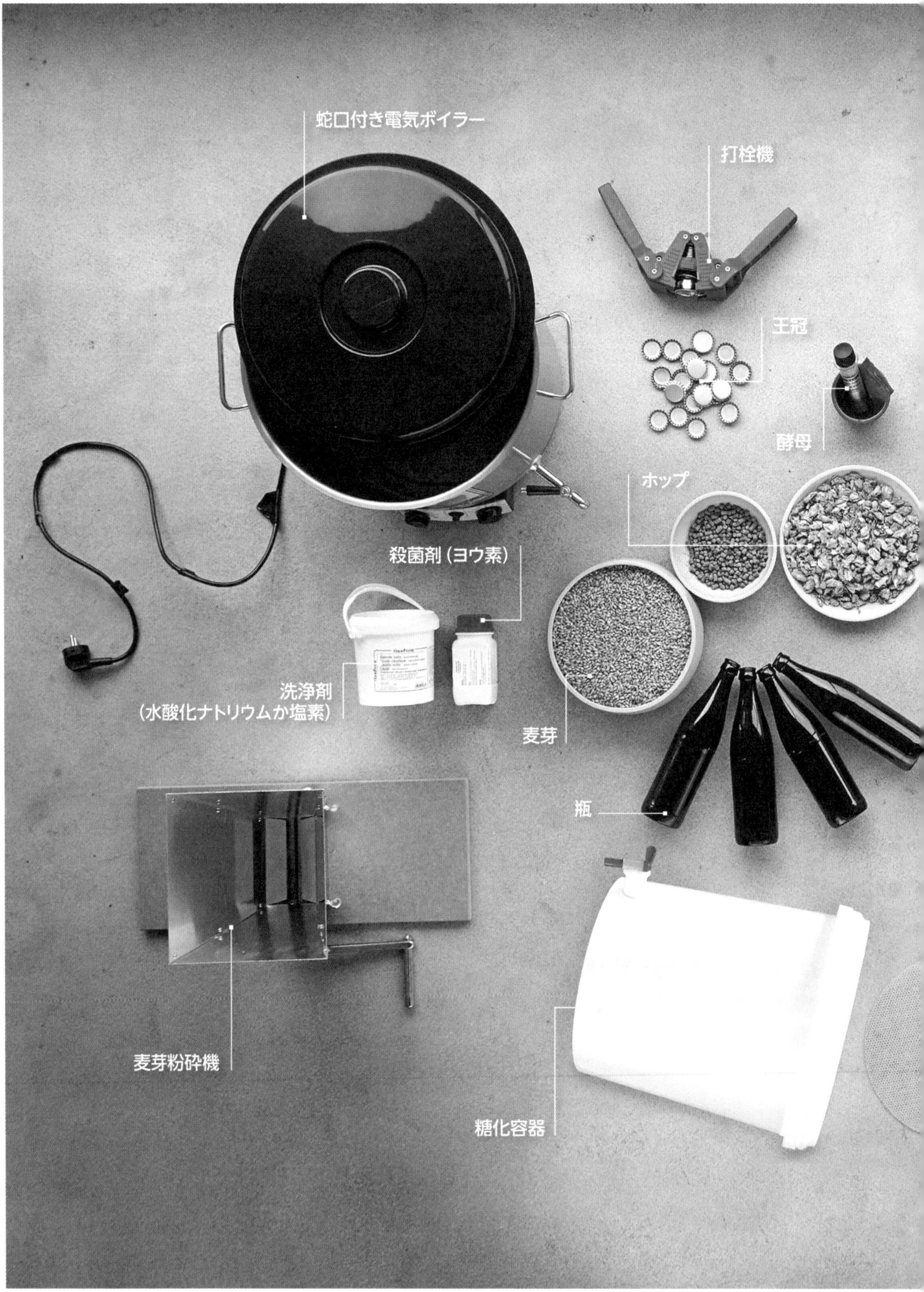

蛇口付き電気ボイラー

打栓機

王冠

酵母

ホップ

殺菌剤（ヨウ素）

洗浄剤
（水酸化ナトリウムか塩素）

麦芽

瓶

麦芽粉砕機

糖化容器

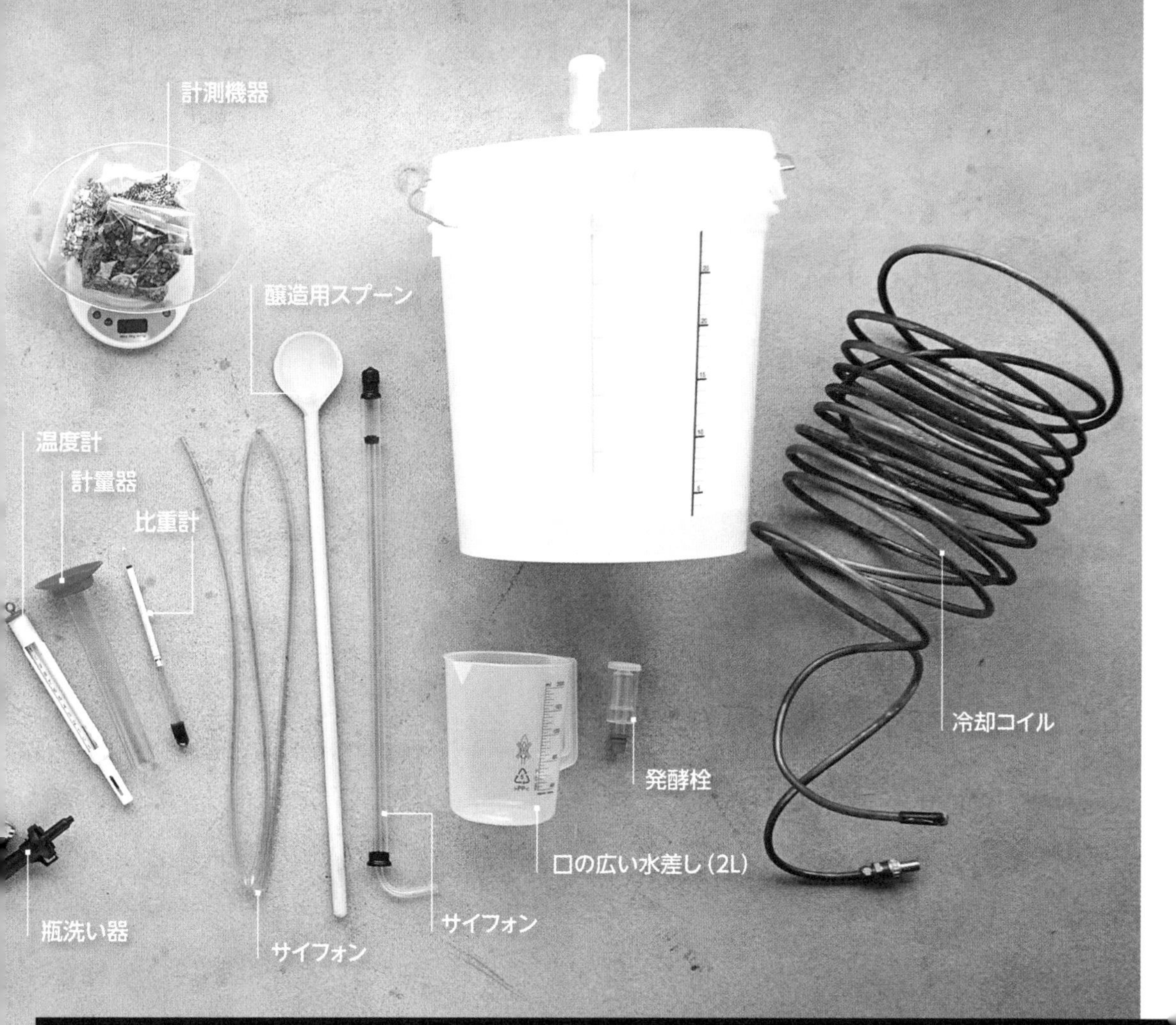

醸造器具が買えるところ

以下のオンラインストアでは、自家醸造に必要な原料、器具、洗浄剤、瓶などを販売している。

ART OF BREWING : www.lovebrewing.co.uk
BREWSTORE : www.brewstore.co.uk
HOMEBREW SHOP : www. the-home-brew-shop.co.uk
HOMEBREW STUFF : www.homebrewstuff.com
MORE BEER : www.morebeer.com
AUSSIE BREWER : www.aussiebrewer.com.au

唯一の正しい道：

麦芽100%でつくる

醸造を始めるとき、現実には 三つの選択肢から選ぶことになる。麦芽抽出物からつくるか、麦芽の粒からつくるか、またはそれら両方を使ってつくるかだ。麦芽抽出物からつくるのは1970年代から一般的になり、薬局で買った自家醸造セットでビールをつくるのが人気の趣味となった。このセットは、ホップの味わいが付いた麦芽シロップと乾燥酵母だけが入った単純なものだ。大型のガラス瓶や浴槽にシロップを注ぎ、お湯を加え、その後に酵母を追加し、1週間後にはビール（もしくは、少なくとも「麦芽を使ったアルコール飲料」と呼べるもの）ができているという代物だった。味わいがいまいちだったのは言うまでもない。

麦芽粒と麦芽抽出物を併用する場合も抽出物での醸造と呼ばれ、麦芽シロップやそれを粉末にしたもの（スプレー麦芽とも呼ばれる）など、さまざまな形態の麦芽を使う。少量の全粒麦芽を加えて、出来上がりのビールに味わいと色を与えることもできる。結果は問題ないが、品質の面では、プロの小規模ブルワリーで生産されているビールと同等の質をつくることはできない。

上記のことは、自宅で醸造を始めるのに、麦芽100%での醸造が唯一の正しい方法であることを意味している。他の方法よりはるかに手の込んだ作業が必要だが、お気に入りのペールエールやスタウトと遜色のない結果が得られる。そして醸造所で2000Lのビールを作るよりも、20Lの自家製ビールを調整・修正する方がはるかに簡単なので、麦芽100%の自家醸造の方が優れている場合もある。

そうは言っても、醸造工程ではまだたくさんの忍耐と実践、注意を必要とする。だから仕込みのためには、作業をしやすい時間を持てる日を確保すべきだ。麦芽100%のビールづくりの仕込みには8時間ほどかかり、すべての作業は非常に注意深く実施しなければならないからだ。つくっているビールがいったん汚染されてしまうと、丸一日の作業が台なしになる可能性が高い。

掃除

「どうしたら良いブルワーになれるか」という質問に対してはいつも、「掃除、掃除、掃除！」と答えている。醸造工程全体を通して、衛生について考えることがいかに重要か、強調してもしきれない。掃除を怠るのは、自家醸造者のおそらく典型的な過ちであり、その結果ビールが汚染されてしまうことがよくある。プロのブルワーは、ビールそのものに対するのと同じくらい多くの時間を洗浄に費やしている。だから最初から洗浄を工程の主要な部分として構えておくべきなのだ。醸造を始める前、そして醸造中に、鍋、バケツ、醸造用スプーンなどの道具を徹底的に洗浄・殺菌する必要がある。それから自分の手をきれいに保つことも忘れないで！

洗浄剤選びは慎重に。香料入りの製品は、ビールに望まない味わいを与える可能性があるからだ。醸造器具店では、醸造のために特別に開発された洗浄剤を販売しているが、スーパーで売られている塩素でも十分だ。僕は自宅で醸造していたとき、バケツなどの容器は常に塩素で洗浄し、冷水で徹底的にすすいでいた（ただし、金属製の器具には塩素を使用できないので、注意）。さらに、発酵用のバケツに水とヨウ素剤の溶液を作り、すべての器具を使う直前までそこに浸けておいていた。それにより、器具一式は使用前はいつも消毒されていて、清潔な器具はいつでも使える準備ができていることになった。

洗浄剤選びは慎重に。
香料入りの製品は、ビールに望まない味わいを
与える可能性がある。

麦芽100%を使う道

～一歩ずつ進め～

麦芽100%の場合の醸造工程は、一般的に二つの部分に分けられる。麦汁づくりと発酵だ。麦汁とは、酵母を加える前の、水、麦芽、ホップ、場合によっては香辛料などを混ぜ合わせた液体のこと。伝統的なブルワリーには、麦汁をつくるための仕込部屋と、発酵や貯酒を行うための発酵・貯酒室という二つの空間がある。多くの場合、麦汁づくりには8時間程度、発酵・貯酒には2～3週間、瓶内二次発酵には1週間程度かかる。そのためエールの場合は、仕込んでから飲めるようになるまで、4週間程度を見込んでおこう。ラガーは発酵と貯酒に約2倍の時間がかかる。

醸造工程で使われる用語

マッシュ
粉砕した麦芽とお湯を混ぜたもの。

マッシュイン
お湯に粉砕した麦芽を投入すること。

糖化
麦芽をお湯（約64～70℃）に浸し、ブドウ糖、麦芽糖などを生成させる。1～1.5時間かかる。

マッシュソリッド
マッシュのうち固形部分。

麦汁
酵母を添加する前のマッシュの液体部分。

麦汁ろ過
麦芽の穀皮という天然のろ過材を通して麦汁を循環させ、清澄にすること。

スパージング
麦汁ろ過後の麦芽かすから最後の糖類を抽出するために、麦芽かすにお湯（78℃前後）を注ぐこと。

苦味付けホップ
主にビールに苦味を与え、防腐効果を与えるために、煮沸開始直後に添加される。

香り付けホップ
煮沸工程の終わりごろに添加し、主に香りを加えるとともに、ビールに防腐効果を持たせるために添加される。

ドライホッピング
貯酒工程中またはその直前にホップを浸け込むこと。

1 準備

初めて醸造する前に、醸造方法やレシピをよく読んでおくことが大切だ。これから使おうとする器具と原料に慣れておこう。例えば、比重計の使用方法など。そして、予備の部品も含めて、必要な道具がすべてあることを確認しよう。それらがすべて洗浄が終わっていることも忘れずに。醸造を始めたら、常に注意し続ける必要がある。蛇口にきちんとつながっていない冷却コイルや、完全に清潔になっていないバケツのために無駄にする時間なんかない。

ただし、準備がよくできていても、最初から円滑に醸造できるとは限らない。醸造技術の大部分は、実践を繰り返して経験を得ることによってのみ習得できるので、何かがうまくいかなくても、落ち込まないで。何よりも大切なのは忍耐力だ。

2 麦芽粉砕

● 最初にすべきことは麦芽を挽くことで、挽き方を正しく調整することが重要だ。麦芽を挽くのは、細か過ぎても粗過ぎてもいけない。目安としては、一粒が三つから五つに割れるようにしよう。

ミッケル・メモ

麦芽を挽くことで、酵素とデンプンが露出し、醸造中に酵素がデンプンを発酵可能な糖の分子に変換できるようになる（つまり、酵母が食べられる糖ができる）が、麦芽が傷みやすくなる。そのため、麦芽は仕込み日の直前や当日に挽くのが最良だ。

挽いてある麦芽を購入する場合は、1回の醸造に必要な量だけにして、余って長時間放置されるようなことはないようにしよう。未粉砕の麦芽はサイロで何年も安全に保管することができるが、粉砕済みの麦芽はすぐに味わいが失われ、カビが発生しやすくなる。

3 マッシングイン

- 電気ポットに水を入れ、規定の糖化温度よりも6～7℃高く加熱する。この温度は「ストライク温度」と呼ばれる。

ミッケル・メモ

ストライク温度は、醸造器具と麦芽の両方は仕込み時にだいたい室温になっているため、糖化の温度よりも高くなっている（屋内醸造する場合）。だから、そのお湯を使ってマッシュを作ると、ストライク温度より下がる。

- 麦芽とお湯は糖化容器（マッシュタン）で混ぜる必要がある。麦芽1kgに対して2Lのお湯をマッシュタンに注ぎ、十分にかき混ぜながらゆっくりと麦芽を加える。マッシュにダマが残らないように、麦芽を適切にかき混ぜることが重要だ。麦芽1kg当たり約2.5～3Lになるまでお湯を追加し、半固形状になるまで混ぜよう。ライ麦パンの生地を作るように、大まかに。

- 糖化している間に、電気ボイラーを再び使って水を78℃に加熱し、スパージングの準備をしよう。

- 実際のマッシングの際には、規定のマッシング温度で1～1.5時間麦芽をお湯に浸け込んだ後（レシピに記載されている正確な糖化時間と温度を確認しよう）、マッシュをこまめにかき混ぜて温度が一定になるようにしよう。高くなり過ぎた場合は冷水を少し、低くなり過ぎた場合は熱湯を少し足す。

用語

OG: Original Gravity（初期比重）
BG: Boil Gravity（煮沸前比重）
FG: Final Gravity（最終比重）

※本書で統一されて用いられているBG（Boil Gravity）で意味されることは「煮沸前比重」だが、一般的にはpre-boil gravityと表現されることが多い。

ミッケル・メモ

この工程の間、麦芽に含まれる天然の酵素が働き、デンプンを糖に変換する。

麦汁に含まれる糖類は、発酵中にアルコールに変換されるので、最終的にビールが出来上がるのに絶対に欠かせない。ビアスタイルによっては糖化温度を変える必要がある場合もあるが、最も簡単な助言としては、マッシュを同じ温度に保ち続けることだ。

糖化温度は64〜70℃（レシピに正確に記載されているはず）である必要がある。これより高温にすると、ボディーと味わい深さのある出来上がりになるが、逆に低温にするとすっきりとした素朴な味わいの出来上がりになる。糖化のための温度が低過ぎると酵素が働かず、逆に高過ぎると活性化しない。そのため、糖化中は温度計で定期的に温度を確認することが重要だ。

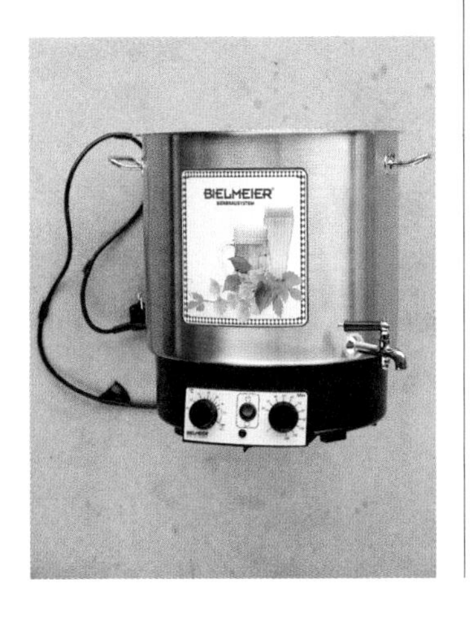

4 麦汁ろ過

- ここで、糖化容器の底にある蛇口から麦汁を抜こう。最初に排出した麦汁は、そのままマッシュに戻す。1Lのジョッキを二つ使って、一つで麦汁を受け、もう一つで麦汁を注げるようにしよう。麦汁は、蛇口から毎分約0.5Lの速さでゆっくりと流れるはずだ。一度蛇口を開いたら、再び閉めることはできないはず。麦汁は絶え間なく流れ出るはずだからだ。

ミッケル・メモ

この工程は「循環」とも呼ばれる。循環の間、麦芽の殻皮は糖化容器の底に沈み、麦汁中の不純物をふるいにかける、天然のろ過材を形成する。経験から言えば、出てくる液体の中に見えていた麦芽の粒子が含まれなくなるときは、マッシュ中の沈殿物はろ過材の役割を果たしている。

- これで、30Lのバケツに麦汁を絞り出すことができるようになった。同時に、スパージングを始めなければならない。バケツに麦汁をゆっくりと出しながら、電気ボイラーで温めた78℃のお湯をマッシュの上にゆっくりと注ぎ掛けよう。マッシュ中の固形物が薄い液体の層で常に覆われているようにするのが重要だ。スパージングの目的は、麦芽からすべての糖類を抽出することだ。バケツに25Lの煮沸前麦汁が得られるまで、この作業を続けよう。

- 得られた麦汁を少し取り出し、20℃まで冷却して糖度を確認しよう(例えば、冷水を入れてシンクに置いた清潔な空き缶の中で冷やして)。冷却した麦汁を計量カップに注ぎ、煮沸前比重(BG)を比重計で測定する。レシピに正確に従って醸造する場合は、測定した値と、レシピに記載されている値が一致していなければならない。

BGの値が意図した通りでない場合は、次に醸造するとき、なるべく早い工程で、何らかの調整を掛ける必要がある。

本書に載っているレシピは、「糖化効率」は75%を基準にしている。麦芽に含まれている糖類の75%を用いるということだ。BGが低すぎる場合は、糖化効率が低すぎることを意味している。次回は麦芽をもっと細かく粉砕することで、この効率を上げることができる。

一方BGが高すぎる場合は、次回の醸造の際に麦芽の量を少し減らしてみるといいだろう。

最後に、BGが低すぎる場合は、スパージングの際に糖類の抽出がうまくいかなかったことが原因である可能性がある。次回はこの工程に注意しよう。

5 煮沸とホップ投入

- さあ、空になっている電気ボイラーに麦汁を注ぎ入れ、加熱しよう。麦汁が沸点まで加熱される間に、苦味付けホップを計量するのだ。

- BGが低過ぎる場合は、麦汁を短時間煮沸させてからBGを再び測定し、望みの値になるまで繰り返そう。逆にBGが高過ぎた場合は、水を追加して下げることができる。適切なBGが得られた場合にのみ、最初のホップを追加し、レシピ通りの煮沸時間を計り始めてよい。

- 麦汁が沸騰するとすぐに泡立つので、吹きこぼれないように注意しよう。冷水を入れた瓶を煮沸容器の近くに常に用意しておき、吹きこぼれそうになったときに注ぎ入れるのだ。

ミッケル・メモ

煮沸の目的は、麦汁を殺菌し、ホップの苦味と香りを抽出し、麦汁中のタンパク質などを沈殿させてなるべく透明にすることだ。

沸騰時間が長ければ長いほど、麦汁の濃度が高くなる。長時間の煮沸は糖類をカラメル化させる効果もあり、ビールの発酵度（発酵の能力）を低下させる。これらの特徴は例えば、非常に濃厚で黒いインペリアルスタウトなどのスタイルをつくりたい場合には活用できる。こうして長時間の煮沸によって、よりアル

コール度数が強く、より味わい豊かなビールが生み出されるが、出来上がりのビールの量は少なくなる

- 麦汁が沸騰したら、すぐに苦味付けホップを加えよう。投入する時間はレシピに記載されていて、例えば「60分」(「煮沸終了1時間前」の意味)や1分(「煮沸終了の1分前」の意味)といった具合だ。苦味付けホップを入れたら、すぐに香り付けホップを計量して、後で入れる準備をする。また酵母は、使う前に室温に温めておくため、冷蔵庫から酵母を取り出しておこう。

- 麦汁が沸騰している間は、それなりの時間をかけて掃除をすることをお勧めする。例えば、発酵バケツや発酵栓を消毒するといいだろう。また、冷却した麦汁を発酵バケツに取り出す前に蛇口を消毒するためには、2、3Lの沸騰した麦汁を計量バケツに取り出す。なるべく煮沸終了の直前にしよう。麦汁を電気ボイラーに戻し、蛇口にアルミホイルをかぶせ、注ぎ出す前に清潔に保つのだ。

- 香り付けホップや香辛料を加える時が来た。香り付けホップは通常、麦汁の煮沸終了の1分から15分ほど前までという、煮沸の最後の部分に加える。煮沸終了の5～10分前に、洗浄した冷却コイルを麦汁の中に入れ、麦汁を冷却するために使う前に殺菌しておくこと勧める。

醸造工程の基本的な部分を習得したら、香辛料を使って新しい試みをすることができる。しかし、常識の範囲で。例えば、コーヒーを煮沸してビールに入れるのは賢い方法とは言えない。また、新鮮な香辛料をスープに入れて長時間煮込むことも普通はせず、煮沸が終わってから加えるのが理にかなっている。

6 酸素供給、冷却、発酵

- 麦汁の煮沸が終わったら、レシピに記載されている発酵温度まで冷却しなければならない。麦汁が汚染されやすい時間を最小限に抑えるためには、急速な冷却が重要だ。そのためには、冷却コイルを使う必要がある。冷却中に麦汁をこまめにかき混ぜるのは、この工程を早く終えるために有効だが、衛生面には注意が要る。

- 麦汁が冷えたら、発酵バケツに移そう。蛇口を洗浄するために0.5L（約1米パイント）の麦汁を取り出し、捨てる。そして計量カップに麦汁を少し取り、初期比重（OG）を測定し、結果をメモしておく。後でアルコール度数を計算するために、この値が必要になる。その後、麦汁を蛇口から発酵バケツに勢いよく注ぎ出そう。

ミッケル・メモ

酸素が必要とされるのは、全醸造工程の中でここだけ。酸素供給は酵母を培養させるために重要だ。酸素が数時間後になくなってしまうと、酵母は糖類をアルコールと二酸化炭素に変換し始めるため、増殖は遅くなってしまう。

- 酵母を投入する時が来た。消毒済みのスプーンで麦汁にしっかりと混ぜ入れよう。そして発酵栓をフタの穴にはめる。これにより、麦汁に不純物が入らなくなり、さらに酵母が二酸化炭素を生成し始めても、圧力を和らげられる。発酵が始まると（発酵開始は数時間以内になされるべきで、24時間を超えてはならない）、発酵栓が泡を出し始める。ここまで来たら、後は待つだけ。幸いなことに、ほとんどのビールは室温（20～22℃）で発酵する。しかし中には10℃で発酵する酵母もあれば、セゾン酵母などは30℃以上で発酵する。

25L以下の少量の醸造では、酵母培養液は必ずしも用意しなくていい。しかしいくつかの理由で酵母の培養が停滞している場合は（おそらく使用期限が過ぎているか、十分な低温で保存されていなかったからだろう）、酵母培養液を使う必要があるかもしれない。

そうした液体の簡単な作り方は、フリーザーバッグに低温殺菌したリンゴ果汁1Lを入れ、小袋に入った酵母も加えて袋の口を閉めるだけだ。フリーザーバッグは密閉されないため、リンゴ果汁に含まれる糖類が発酵して発生する二酸化炭素は、バッグの外に逃げていく。

バッグを清潔に保ち、汚染源から保護することを忘れないように。2、3日後、すべてのリンゴ果汁を麦汁に加えよう。大量の生きている酵母を加えることになるというわけだ。

7 貯酒と瓶詰め

- 発酵栓から泡が出なくなったり、泡が出るまでの間隔が非常に長くなったりしたら、ビールは発酵を終えたことになる。発酵が本当に完了しているかどうかは、数日おきに最終比重（FG）を測定することで確認できる。変化がなければ、糖からアルコールへの変換が完了していることになる。FGが低下している場合は、ビールをさらに数日間発酵させておく必要がある。これで、初期比重（OG）値からFGの値を引いて7.5で割ると、アルコール度数が計算できる。

$$\frac{\text{初期比重 (OG) - 最終比重 (FG)}}{7.5}$$

- ビールを取り出す時が来た。サイフォンを使って、一つの発酵用バケツからもう一つの消毒済みバケツにビールを移さなければならない。発酵中に死んだ酵母細胞は底に沈んでいくので、ビールを取り出すときは、酵母細胞がなるべく入らないようにしよう。

- ビールを貯酒工程に進められるようになった。二次発酵のバケツでの保存中は、さらに多くの酵母が沈殿し、ビールがより清澄になる。ビールを冷蔵庫（ただし氷点下以上の温度）で保存すると、この工程が早くなる。原則として、ビールの貯酒は1、2週間する必要がある。

- ドライホッピングを施す際は、ビールの温度は室温にすると有益な場合がある。冷えたビールよりもホップの香りが引き出されるからだ。ホップソック（くつ下状でメッシュ地の袋）を好むブルワーもいるが、ホップをビールに直接加えることで、はるかに多くの収穫を得られる。ホップの成分がビールに溶け込むのには、約1週間かかる。その後、ビールを詰めるために取り出せるようになるので、ドライホッピングをしないビールよりも完成に少し時間がかかる。この工程は試行錯誤を経て進んでいく。ホップはどのように沈殿するのか。それがかかる時間は温度によるのか。ペレットを使うか、毬花を使うかで変わるのか。

- 瓶詰めの前に、ヨードフォア（ヨウ素と界面活性剤の錯体で、ヨウ素を徐々に放出する）消毒剤で瓶を消毒した後、瓶洗い器でしっかりと洗おう。

ミッケル・メモ

新しくて清潔な瓶は、醸造機器業者や地元のブルワリーから買える（彼らが友好的であれば）。もしくは、（まずは中身が入った）瓶を自分で集めてもいい。多くの場合で最も安上がりな解決策となる後者を選んだ場合、なるべく早く中身を飲み干して徹底的に瓶を洗浄し、乾かそう。

- 瓶詰めの際には、まず砂糖（表参照）を熱湯に溶かし、貯酒タンクの中のビールに加え、よくかき混ぜて砂糖を分散させることから始めよう。砂糖を加えることで瓶内発酵が始まり、少量のアルコールが発生するが、それ以上に重要なのは二酸化炭素の発生だ。

温度別ビール1L当たりに加える砂糖の量（g）

	5℃	10℃	15℃	20℃
エール（小麦不使用）	0.2～2.2	1.2～3.2	1.9～3.9	2.5～4.5
ラガー	3.0～5.0	4.0～6.0	4.7～6.7	5.3～7.3
小麦ビール	7.4～12.2	8.4～13.2	9.1～13.9	9.7～14.5

- ここで、もう一度消毒したサイフォンを使って、バケツから瓶にビールを移し、フタをする。密閉された瓶からは二酸化炭素が逃げないので、炭酸としてビールに溶け込む。瓶内二次発酵には、ビールが美味しく飲める期間を延ばす役割もある。発酵は一般的に常温で1週間ほどかかる。1週間後に炭酸がビールの中に形成されない場合は、瓶を少し高い温度で保存してみよう。逆にビールが泡立っている場合は、冷蔵保存の準備ができていることになる。

木樽長期熟成ビール

木樽にビールを入れるという選択肢もあるが、瓶を使うよりも費用がかかるし、取り扱いにも注意が必要になる。

木樽熟成をするには、実際の木樽に加えて、小型の二酸化炭素ボンベと、木樽を覆う形の冷却バッグを用意する必要がある。

そのため、本書では瓶詰めのみ説明する。

失敗かなと思ったら

**酸っぱい、腐った感じ、硫黄、煮た野菜のにおいがして、
口の中を刺すような感じもするのは、渋味（口の中が乾く感じ）か、
似たような何かがあるということですか？**

残念ながら、そのビールはおそらく汚染されている。汚染したビールが人体に有害になることは非常にまれだが、味はひどいものになることがある。洗浄の手順や方法を見直そう。そうすることで、醸造工程のどこで問題が発生しているかを知る手掛かりが得られる。

発酵バケツから何の気体も出ていないか、発酵が止まってしまっている場合でも、中身のビールに甘味はまだありますか？

酵母が働くのに十分な条件を満たしていなかった可能性がある。最初に、タンクを静かにゆすって酵母を復活させてみよう。これがうまくいかない場合は、ホースで吹くか水槽用のポンプで少量の空気を送り込んでみよう。問題の原因は、酵母の栄養が少な過ぎる、麦汁中の酸素が少なすぎる、酵母の添加量が少な過ぎる、温度が不適切（高すぎても低すぎてもいけない）である可能性がある。どれも原因でないことが確認できた場合は、酵母培養液を使用する必要がある。

つくったビールが非常に濁っていて、くもって見えるのですが…

細菌感染によるものかもしれない。その場合は味でも分かる。もしそうでない場合は、糖化やスパージングの際に発生した問題である可能性が高い。次回は、より清澄な麦汁を得るために、麦汁を徹底的に再循環させてみよう。麦汁をより長く煮沸する必要があるかどうかも検討しよう。必要に応じて、カラギーナンやアイリッシュモスと呼ばれる清澄剤を加える。これらの製品は、麦汁に含まれる不純物と煮沸中に結合し、自然にすっかり沈殿する。

**つくったビールにほとんど味がしないということは、
記載されているアルコール度数に達していないということですか？**

スパージングを早くしすぎたのかもしれない。この作業には2時間ほどかかるはずだ。スパージングのための水が麦芽かすの側面を流れてしまい、麦芽かすにうまく触れなかった可能性がある。麦芽に含まれる栄養素が十分かどうか、さらに例えば、麦芽が十分に細かく粉砕されているかどうか、糖化中に麦芽を十分に撹拌したか、デンプンをすべて糖類に変換するためにマッシュを適切な温度で十分な時間置いておいたか、振り返ってみよう。

つくったビールから温野菜やスウィートコーンの匂いがする。

おそらく、DMS（硫化ジメチル）が多く含まれているだろう。この物質は熱い麦汁の中で生成されるが、同時に蒸発させることもできる。重要なのは、結露が麦汁に戻ってこないように、麦汁はフタをせずに煮沸すること。そして理想的には、強力に煮沸することだ。さらに、煮沸が完了したら、できるだけ早く麦汁を冷やすことも重要だ。

**スパージングのときに麦汁がしぼり出てこない。
出てきたとしても非常に遅い。**

麦汁中の不純物が原因になっている可能性がある。蛇口やその他の機器を掃除できるなら、すべきだ。もしくは、マッシュを少し加熱してみよう。理想的には72～75℃。または、少し高めの温度（最高80℃）のお湯を使ってスパージングしてみて。原因は、麦芽の挽き具合が粗すぎるか、細かすぎている可能性がある。ライ麦、オーツ麦、小麦などを大量に使用している場合は、水溶性食物繊維を多く含むため、スパージングが遅くなり、忍耐強く取り組む必要がある。最長で2時間かかることもある。

**つくったビールにバターやキャラメルの味わいがして、
他の特徴が分からなくなっています。**

発酵の副産物であるダイアセチルが、熟成工程で除去されていない可能性がある。できれば、発酵用のバケツの中でより長く、理想的には14～20℃で熟成させてみて。すでに瓶詰めしたビールの場合は、我慢して飲むしかない。もしくは、瓶に酵母を追加で入れ、しばらく待つ。ラガーを作っている場合は、貯酒中の温度を15～17℃程度まで上げて、ダイアセチルが蒸発してしまうまで数日待ってみよう。これはダイアセチルレストと呼ばれる手法だ。何かの細菌による汚染もまた、ダイアセチルを大量に発生させる可能性がある。

Mikkeller

挑戦してみよう

1.「そっくりビール」をつくる
（初心者向け）

僕がビールの自家醸造を始めたころ、間違いなく最も得ることが多かったのは、自分が本当に好きなビールを再現しようとしていたときだった。ほとんどの初心者は、最初から多くのビアスタイルをつくってみようとしがちだ。僕からの助言は、あなたが好きなビアスタイルを見つけて、それとそっくりのビールをつくることだ。それがIPAであれば、IPAをつくることから始めよう。完成したらお気に入りのIPAと並べて味わい、自分のビールが手本のビールのような味わいになるためには、どの特徴を調整すべきかを確認しよう。例えば、自分のIPAの色が淡い場合は、濃色の麦芽を追加する必要がある。甘すぎる場合は、糖化の温度を下げてみたり、甘いカラメル麦芽の量を減らしてみたりするのもいいだろう。甘さのバランスを良くするためには、苦味付けホップをもっと使ってみるのも有効だ。

これには多くの忍耐を必要とし、最終的に質の良いビールをつくるまでにかなりの試行錯誤をしなければならないと、覚悟ができていないといけない。その一方で、さまざまな大切な醸造器具と醸造工程に関するしっかりした基礎的な理解が得られ、今後醸造を続けていくにつれて大きな利点も得られるようになる。かなり簡単に言えば、より経験豊かになり、それによってもっと熟練したブルワーになるので、もっと質の良いビールをつくれるようになるということだ。

2. 原料の理解を深める

（ある程度の経験を持つブルワー向け）

レシピには常に、いくつかの異なるホップと麦芽が含まれている。自分のレシピのために、豊富な種類の中から酵母を選ぶこともできる。さまざまなホップ、麦芽、酵母の種類を知り、それぞれにどのような効果があるのかを理解して、ある要素がもたらす効果を他の要素がもたらすものではないと区別できるようになっていくことには、大きな利点がある。

例えば、麦汁をいくつかに分けて、アマリロやカスケードなど異なる種類のホップを一つずつ使って煮沸とドライホッピングを掛けると、ホップについてより深く知ることができる。そして品種ごとのホップの香りや味に関する基本的な理解も得られるだろう。酵母についても同じ要領でやってみよう。25Lの麦汁を5Lずつバケツに分けて、それぞれに異なる酵母を入れる。麦芽でも同じことができるが、試したい麦芽の種類ごとに醸造をする必要があるため、少し複雑な取り組みになる。

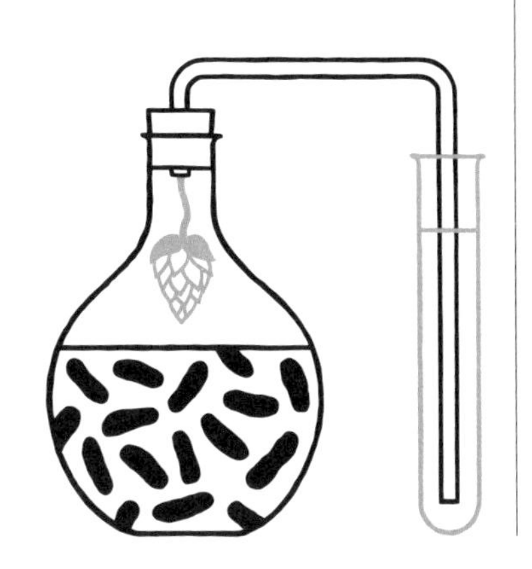

3. アルコール度数が高いビールをつくる

（経験豊富なブルワー向け）

ある程度の基礎固めができて、醸造工程をこなすのにある程度の経験を得られたと感じたら、アルコール度数が本当に高いビールづくりに挑戦していいだろう。酵母の種類、糖化温度、酸化、糖類の追加、望むならば追加する酵素でも実験して、多くのアルコール量が得られるかを確かめてみよう。これを通じて、さまざまな原料が持つ機能と、醸造における化学反応について、完全な理解が得られるだろう。

醸造と醸造工程に関するさらなる情報

基本書

RAY DANIELS
Designing Great Beers

DAVE MILLER
The Complete Handbook of Home Brewing

JOHN PALMER
How to Brew

CHARLIE PAPAZIAN
The New Complete Joy of Home Brewing

GRAHAM WHEELER
CAMRA's Complete Home Brewing

さらに、ウェブサイトbrewersfriend.comは、初心者のための大量の情報をまとめている。
BeerCalcは、独自のレシピをつくったり、既存のレシピを修正・調整したりするためのウェブ上の計算ツールだ。

"ALE" 11.2 FL

ACT ONE

INT. Mikkeller - NIGHT

HENRY & SALLY ARRIVE AT THE BAR. SALLY ORDERS A PALE ALE. SHE TAKES A SIP. THEN ANOTHER.

HENRY

How is it?

SALLY

Mikkeller

BEER GEEK

初心者向けのレシピ

難易度１

難易度２

難易度３

0.3% ALC/VOL

DRINK'IN THE SNOW

Mikkeller

SPONTAN

CHERRY

375 ML FREDERIKSDAL ALK 8,2%

SOUR ALE BREWED WITH FREDERIKSDAL CHERRIES & AGED IN OAK BARRELS

第7章

ビールのレシピ集

KAPITEL 7

ØLOPSKRIFTER

"ALE" 11.2 FL OZ

ACT ONE

INT. Mikkeller - NIGHT

HENRY & SALLY ARRIVE AT THE BAR. SALLY ORDERS A PALE ALE. SHE TAKES A SIP. THEN ANOTHER.

HENRY

How is it? *

SALLY

All other pales pale. *

オールアザー ペールエール

スタイル:アメリカンペールエール

基本設計

出来上がりの量……20L
煮沸前麦汁量……25L
初期比重……1058
煮沸前比重……1046
最終比重……1012
アルコール度数……6.0%
色度数……19 EBC
IBU……55

麦芽、糖化

ペール麦芽……6 EBC……2800g
ミュンヘン1麦芽……22 EBC……800g
カラアンバー麦芽……70 EBC……475g
カラピルス麦芽……4 EBC……325g
カラピルス麦芽……4 EBC……625g
総麦芽使用量……5025g
糖化温度・時間……65℃、60分

ホップ

シムコー……アルファ酸:13.0%……25g……60分
センテニアル……アルファ酸: 8.8%……15g……10分
サンティアム……アルファ酸:11.9%……10g……1分
ナゲット……アルファ酸:12.8%……15g……1分
シムコー……アルファ酸:13.0%……15g……ドライホッピング
ナゲット……アルファ酸:12.8%……15g……ドライホッピング
ウォリアー……アルファ酸:12.0%……15g……ドライホッピング
アマリロ……アルファ酸: 9.5%……15g……ドライホッピング

発酵

酵母……1056 American Ale
温度……19〜21℃

Mikkeller
BEER GEEK
BREAKFAST
OATMEAL STOUT BREWED WITH COFFEE

ビアギークのあさごはん

スタイル：コーヒー使用のオートミールスタウト

基本設計

出来上がりの量……20L
煮沸前麦汁量……25L
初期比重……1074
煮沸前比重……1059
最終比重……1017
アルコール度数……7.5%
色度数……106 EBC
IBU……100以上

麦芽、糖化

ピルスナー麦芽……3 EBC……3300g
挽いたオーツ麦……5 EBC……1650g
カラアンバー1麦芽……90 EBC……365g
ブラウン麦芽……150 EBC……365g
ペールチョコレート麦芽……500 EBC……365g
チョコレート麦芽……940 EBC……180g
ローストバーリィ（製麦せずに焦がした大麦）1150 EBC……365g
燻製麦芽……6 EBC……180g

総麦芽使用量……6770g
糖化温度・時間……67℃、60分

ホップ

センテニアル……アルファ酸：10.0%……50g……60分
カスケード……アルファ酸： 5.7%……20g……60分
カスケード……アルファ酸： 5.7%……45g……15分
センテニアル……アルファ酸：10.0%……45g……5分
カスケード……アルファ酸： 5.7%……10g……5分

発酵

酵母……1056 American Ale
温度……21〜23℃

補足

50gのコーヒー豆を挽き（この時点で体積は0.5Lに）、瓶詰めの数日前に加えている。

Mikkeller

BEER GEEK

BACON

SMOKED OATMEAL STOUT BREWED WITH COFFEE

ビアギークのベーコン

スタイル：コーヒー使用の燻製スタウト

基本設計

出来上がりの量……20L
煮沸前麦汁量……25L
初期比重……1074
煮沸前比重……1059
最終比重……1017
アルコール度数……7.5%
色度数……106 EBC
IBU……100以上

麦芽、糖化

燻製麦芽……6 EBC…3480g
挽いたオーツ麦……5 EBC…1650g
カラアンバー1麦芽……90 EBC…… 365g
ブラウン麦芽……150 EBC…… 365g
ペールチョコレート麦芽……500 EBC…… 365g
チョコレート麦芽……940 EBC…… 180g
ローストバーリィ(製麦せずに焦がした大麦) .. 1150 EBC…… 365g

総麦芽使用量……6770g
糖化温度・時間……67℃、60分

ホップ

センテニアル……アルファ酸：10.0%……50g……60分
カスケード……アルファ酸： 5.7%……20g……60分
カスケード……アルファ酸： 5.7%……45g……15分
センテニアル……アルファ酸：10.0%……45g……5分
カスケード……アルファ酸： 5.7%……10g……5分

発酵

酵母……1056 American Ale
温度……21～23℃

コメント

50gのコーヒー豆を挽き（この時点で体積は0.5Lに）、瓶詰めの数日前に加える。

Mikkeller
RAUCHPILS

ラウフピルス

スタイル:燻製ビール

基本設計

出来上がりの量……20L
煮沸前麦汁量……25L
初期比重……1045
煮沸前比重……1036
最終比重……1010
アルコール度数……4.6%
色度数……11 EBC
IBU……26

麦芽、糖化

ピルスナー麦芽……4 EBC……1350g
ミュンヘン麦芽……23 EBC……600g
カラピルス麦芽……5 EBC……600g
燻製麦芽……6 EBC……1350g

総麦芽使用量……3900g
糖化温度・時間……65℃、60分

ホップ

ハラタウアー……アルファ酸: 6.6%……18g……60分
テトナンガー……アルファ酸: 3.8%……18g……10分
ハラタウアー……アルファ酸: 6.6%……12g……5分
テトナンガー……アルファ酸: 3.8%……12g……5分
テトナンガー……アルファ酸: 3.8%……25g……ドライホッピング

発酵

酵母……WLP820 Oktober Fest/Märzen Lager
温度……11-12℃

STATESIDE IPA Mikkeller

ステイトサイド

スタイル：IPA（インディアペールエール）

基本設計

出来上がりの量……20L
煮沸前麦汁量……25L
初期比重……1072
煮沸前比重……1058
最終比重……1017
アルコール度数……6.9%
色度数……20 EBC
IBU……100以上

麦芽、糖化

麦芽	色度	量
ピルスナー麦芽	3 EBC	4550g
ミュンヘンI麦芽	90 EBC	500g
カラピルス麦芽	23 EBC	755g
燻製麦芽	4 EBC	755g

総麦芽使用量……6510g
糖化温度・時間……66℃、60分

ホップ

ホップ	アルファ酸	量	時間
チヌーク	アルファ酸：12.7%	18g	60分
アマリロ	アルファ酸：9.4%	18g	15分
カスケード	アルファ酸：5.7%	12g	15分
アマリロ	アルファ酸：9.4%	12g	1分
カスケード	アルファ酸：5.7%	25g	1分

発酵

酵母……Safale S-04
温度……19〜21℃

Mikkeller
design vinther/clausen
Big Bad
Barley Wine
Big Bad Barley Wine alc. 10,0%
Brygget af Mikkeller
Brygget af : Vand, malt,
amerikansk humle og
amerikansk gær.
Bør drikkes inden udgangen af 2005

ビッグバッド バーリィワイン

スタイル:バーリィワイン

基本設計

出来上がりの量……20L
煮沸前麦汁量……25L
初期比重……1105
煮沸前比重……1084
最終比重……1028
アルコール度数……10%
色度数……35 EBC
IBU……100以上

麦芽、糖化

ペール麦芽……7 EBC……7700g
カラミュンヘンI麦芽……100 EBC……1200g

総麦芽使用量……8900g
糖化温度・時間……70℃、60分

ホップ

ナゲット……アルファ酸: 2.8%…110g……60分
カスケード……アルファ酸: 5.7%……70g……1分
センテニアル……アルファ酸:10.0%……50g…ドライホッピング
カスケード……アルファ酸: 5.7%……50g…ドライホッピング

発酵

酵母……1056 American Ale
温度……20〜22℃

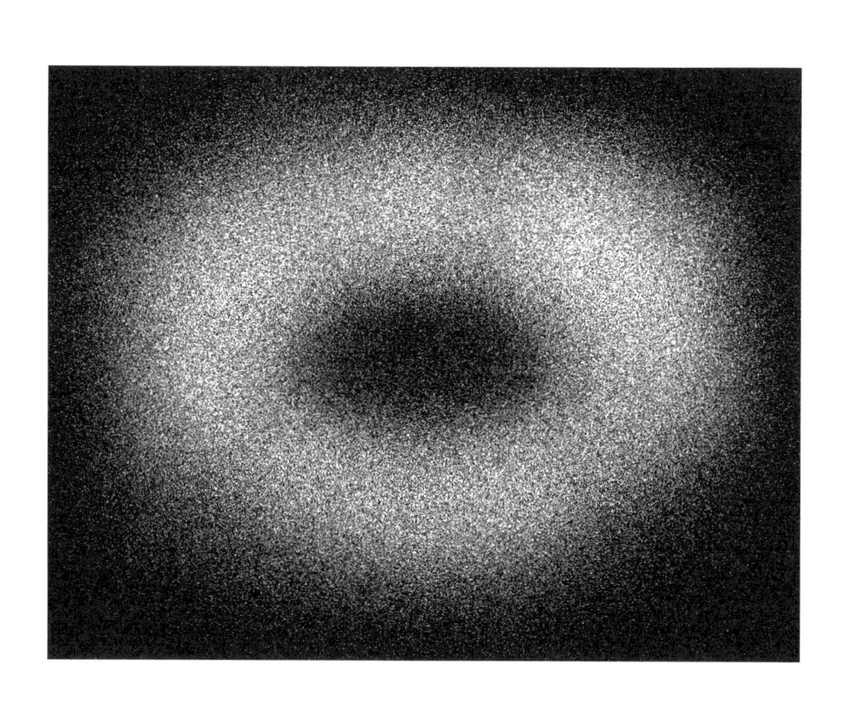

ブラックホール

スタイル：インペリアルスタウト

基本設計

出来上がりの量……20L
煮沸前麦汁量……25L
初期比重……1118
煮沸前比重……1094
最終比重……1023
アルコール度数……13.1%
色度数……151 EBC
IBU……100以上

麦芽、糖化

ピルスナー麦芽……3 EBC……2400g
挽いたオーツ麦……4 EBC……425g
ペール麦芽……7 EBC……2800g
ブラウン麦芽……150 EBC……600g
チョコレート麦芽……940 EBC……400g
ローストバーリィ……1150 EBC……650g

総麦芽使用量……7275g
糖化温度・時間……67℃、60分

ホップ

コロンバス……アルファ酸：15.8%……55g……60分
チヌーク……アルファ酸：13.0%……25g……60分
カスケード……アルファ酸：5.9%……75g……15分
アマリロ……アルファ酸：9.4%……75g……5分

糖類

ブラウンシュガー……150 EBC 1500g……15分
蜂蜜……40 EBC 300g……5分

発酵

酵母……1056 American Ale
温度……21～23℃

Mikkeller
11.2 FL OZ / 330 ML
2.4%
ALC/VOL
AMERICAN STYLE WHEAT ALE
DRINK'IN
THE SUN

ドリンキンザサン

スタイル：アメリカンウィートエール

基本設計

出来上がりの量……20L
煮沸前麦汁量……25L
初期比重……1028
煮沸前比重……1023
最終比重……1010
アルコール度数……2.4%
色度数……10 EBC
IBU……38

麦芽、糖化

ペール麦芽……7 EBC……1000g
小麦麦芽……3 EBC……900g
カラレッド麦芽……40 EBC……500g

総麦芽使用量……2400g
糖化温度・時間……65℃、60分

ホップ

アフタナム……アルファ酸：8.0%……30g……60分
テトナンガー……アルファ酸：3.8%……25g……1分
アマリロ……アルファ酸：8.0%……50g……1分
アマリロ……アルファ酸：8.0%……50g……ドライホッピング
テトナンガー……アルファ酸：3.8%……25g……ドライホッピング

発酵

酵母……WLP002 English Ale
温度……19～21℃

AMERICAN-STYLE INDIA PALE ALE
GREEN
GOLD
Mikkeller

グリーンゴールド

スタイル：IPA（インディアペールエール）

基本設計

出来上がりの量……20L
煮沸前麦汁量……25L
初期比重……1067
煮沸前比重……1053
最終比重……1014
アルコール度数……7.0%
色度数……22 EBC
IBU……100以上

麦芽、糖化

ピルスナー麦芽……3 EBC……4200g
カラミュンヘンI麦芽……100 EBC……600g
ミュンヘンI麦芽……23 EBC……600g
挽いたオーツ麦……4 EBC……600g

総麦芽使用量……6000g
糖化温度・時間……66℃、60分

ホップ

シムコー……アルファ酸：13.0%……50g……60分
カスケード……アルファ酸：6.0%……20g……15分
アマリロ……アルファ酸：10.0%……20g……1分
サンティアム……アルファ酸：14.0%……20g……ドライホッピング
アマリロ……アルファ酸：10.0%……20g……ドライホッピング

発酵

酵母……WLP013 London Ale
温度……20～22℃

Mikkeller

NAME
BROWN / JACKIE

ALC/VOL	INDHOLD
6.0%	**330 ml**

BREWED & BOTTLED BY **MIKKELLER**
AT DE PROEF BROUWERIJ,
LOCHRISTI-HIJFTE, BELGIUM

MINDST HOLDBAR TIL: SE KAPSEL

Øl. Ingredienser: vand, malt (Pale, Munich, Cara-Pils, Cara-Crystal, Brown og Chocolate), havreflager, humle (Nugget, Simcoe og Centennial) og ale gær.

Opbevares mørkt og køligt.

5 704255 102896

mikkeller.dk

ジャッキーブラウン

スタイル:アメリカンブラウンエール

基本設計

出来上がりの量……20L
煮沸前麦汁量……25L
初期比重……1063
煮沸前比重……1051
最終比重……1017
アルコール度数……6.0%
色度数……46 EBC
IBU……77

麦芽、糖化

ピルスナー麦芽……4 EBC……3200g
ミュンヘンI麦芽……23 EBC……600g
カラクリスタル麦芽……110 EBC……400g
挽いたオーツ麦Á……5 EBC……600g
ブラウン麦芽……150 EBC……600g
チョコレート麦芽(穀皮なし)1000 EBC……100g
カラピルス麦芽……4 EBC……200g

麦芽総量……5700g
糖化温度・時間……65℃、60分

ホップ

ナゲット……アルファ酸:13.0%……35g……60分
センテニアル……アルファ酸:10.0%……35g……5分
アマリロ……アルファ酸: 9.4%……35g……ドライホッピング

発酵

酵母……1028 London Ale
温度……19~20℃

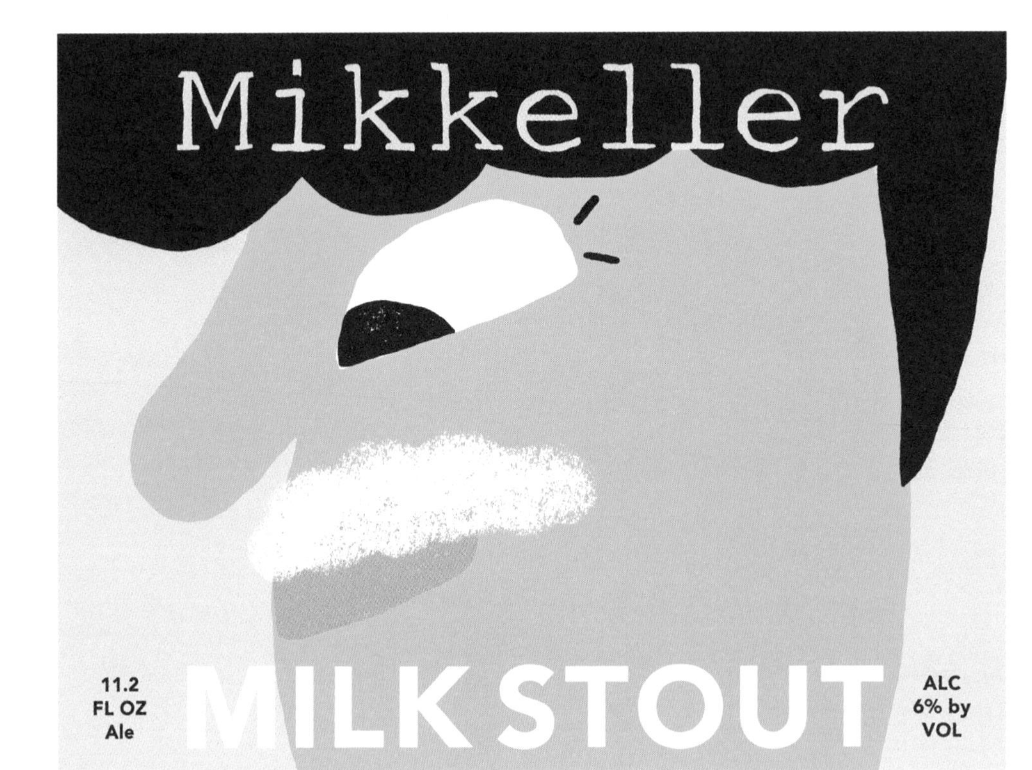
Mikkeller
11.2
FL OZ
Ale
MILK STOUT
ALC
6% by
VOL

ミルクスタウト

スタイル：スウィートスタウト

基本設計

出来上がりの量……20L
煮沸前麦汁量……25L
初期比重……1076
煮沸前比重……1061
最終比重……1030
アルコール度数……6.0%
色度数……98 EBC
IBU……39

麦芽、糖化

マリスオッターペール麦芽……5 EBC……2800g
挽いたオーツ麦……4 EBC……1300g
ペールチョコレート麦芽……500 EBC……450g
チョコレート麦芽……900 EBC……600g

麦芽総量……5150g
糖化温度・時間……67℃、60分

ホップ

コロンバス……アルファ酸：16.0%……15g……60分
カスケード……アルファ酸：6.5%……5g……15分
アマリロ……アルファ酸：6.5%……5g……5分
センテニアル……アルファ酸：10.0%……10g……1分

糖類

乳糖……0 EBC……950g　15分

発酵

酵母……WLP002 English Ale
温度……19〜21℃

Mikkeller
KIHØSKH
Saison SALLY

セゾンサリー

スタイル:セゾン

基本設計

出来上がりの量……20L
煮沸前麦汁量……25L
初期比重……1062
煮沸前比重……1050
最終比重……1010
アルコール度数……6.8%
色度数……7 EBC
IBU……19

麦芽、糖化

ペール麦芽……3 EBC……4000g
小麦麦芽……3 EBC……475g
ヴィエナ麦芽……7 EBC……250g

総麦芽使用量……4725g
糖化温度・時間……65℃、60分

ホップ

スティリアンゴールディングス……アルファ酸:4.0%……25g……60分
イーストケントゴールディングス……アルファ酸:4.4%……12g……60分
イーストケントゴールディングス……アルファ酸:4.4%……8g……15分
ザーツ……アルファ酸:2.8%……8g……5分

糖類

シロップ漬け氷砂糖(ライト)……0 EBC……425g……15分

発酵

酵母……WLP565 Belgian Saison 1 Yeast
温度……32〜35℃

補足

オレンジの皮15gを、煮沸の最後の15分に入れ、
ホップと一緒に煮る。

Mikkeller
Pilsner

ヴェスターブロ ピルスナー

スタイル:アメリカンラガー

基本設計

出来上がりの量……20L
煮沸前麦汁量……25L
初期比重……1054
煮沸前比重……1043
最終比重……1012
アルコール度数……5.6%
色度数……12 EBC
IBU……43

麦芽、糖化

ピルスナー麦芽……4 EBC……2900g
ミュンヘンI麦芽……23 EBC……950g
カラピルス麦芽……5 EBC……950g

総麦芽使用量……4800g
糖化温度・時間……66℃、60分

ホップ

ゼウス……アルファ酸:12.8%……20g……60分
ネルソンソーヴィン……アルファ酸:12.0%……40g……1分
カスケード……アルファ酸: 6.5%……40g……1分
シムコー……アルファ酸:13.0%……40g……ドライホッピング
アマリロ……アルファ酸: 6.5%……40g……ドライホッピング

発酵

酵母……2124 Bohemian Lager
温度……11-13℃

Mikkeller
X
BIG TONY 2006
En IIIPA på 15.0% vol.
og 500+ IBU.
Brygget af Mikkeller.
Brygget på:
vand, malt (pale og amber),
rørsukker, humle (warrior,
vanguard, columbus, chinook,
wilamette, cascade og nugget)
og high gravity gær.

ビッグトニー

スタイル：バーリィワイン

基本設計

出来上がりの量……20L
煮沸前麦汁量……25L
初期比重……1140
煮沸前比重……1112
最終比重……1025
アルコール度数……15.0%
色度数……21 EBC
IBU……100以上

麦芽、糖化

ペール麦芽……6 EBC……7200g
アンバー麦芽……100 EBC……375g

総麦芽使用量……7575g
糖化温度・時間……65℃、60分

ホップ

チヌーク……アルファ酸：12.6%……160g……90分
コロンバス……アルファ酸：16.0%……177g……15分
ウィラメット……アルファ酸：7.5%……88g……1分
カスケード……アルファ酸：5.7%……44g……1分
コロンバス……アルファ酸：16.0%……10g……ドライホッピング

糖類

グルコース（ブドウ糖）……0 EBC 2500g……15分

発酵

酵母……1056 American Ale
温度……21-23℃

Mikkeller
MONK'S BREW
BELGIAN DARK ALE
330 ML
MONK'S BREW
ALK 10,0% VOL

モンクズブルー

スタイル:ダークストロングベルジャンエール

基本設計

出来上がりの量……20L
煮沸前麦汁量……25L
初期比重……1090
煮沸前比重……1072
最終比重……1013
アルコール度数……10.0%
色度数……59 EBC
IBU……36

麦芽、糖化

ピルスナー麦芽……3 EBC……2900g
ペール麦芽……7 EBC……2900g

総麦芽使用量……5800g
糖化温度・時間……67℃、60分

ホップ

ノーザンブルワー……アルファ酸:8.9%……17g……60分
ハラタウアー……アルファ酸:3.4%……31g……30分
スティリアンゴールディング……アルファ酸:4.4%……19g……30分

糖類

ブラウンシュガー……150 EBC……575g……15分
キャンディーシュガー(濃色)……425 EBC……600g……15分

発酵

酵母……3787 Belgian Trappist
温度……28～30℃

Mikkeller
DRAFT
BEAR
8% Alk
IMPERIAL PILSNER
330 ml

ドラフトベア

スタイル:インペリアルピルスナー

基本設計

出来上がりの量……20L
煮沸前麦汁量……25L
初期比重……1073
煮沸前比重……1058
最終比重……1012
アルコール度数……8.0%
色度数……13 EBC
IBU……90

麦芽、糖化

ピルスナー麦芽……3 EBC……4330g
カラピルス麦芽……20 EBC……665g
アンバー麦芽……50 EBC……330g

総麦芽使用量……5325g
糖化温度・時間……66℃、60分

ホップ

アマリロ……アルファ酸: 9.0%……50g……60分
カスケード……アルファ酸: 6.0%……50g……15分
カスケード……アルファ酸: 6.0%……50g……5分
アマリロ……アルファ酸: 9.0%……31g……ドライホッピング
カスケード……アルファ酸: 6.0%……31g……ドライホッピング

糖類

キャンディーシュガー(淡色)……0 EBC……650g……10分

発酵

酵母……Saflager S-23
温度……12-13℃

Mikkeller

Humlefryyyd

En 'American Strong Ale'
på 9,0% vol.

Brygget af Mikkeller.

Brygget på:
vand, malt, humle og gær.

Brygget til Ølbaren, KBH, Denmark

ホムレフリード

スタイル:IPA(インディアペールエール)

基本設計

出来上がりの量	20L
煮沸前麦汁量	25L
初期比重	1086
煮沸前比重	1069
最終比重	1018
アルコール度数	9.0%
色度数	23 EBC
IBU	100以上

麦芽、糖化

麦芽	色度	量
ペール麦芽	5 EBC	6500g
挽いたオーツ麦	4 EBC	250g
キャラ クリスタル麦芽	120 EBC	400g
カラミュンヘンI麦芽	90 EBC	125g

総麦芽使用量	7275g
糖化温度・時間	67℃、60分

ホップ

ホップ	アルファ酸	量	時間
シムコー	アルファ酸:13.0%	60g	60分
センテニアル	アルファ酸:11.0%	45g	60分
カスケード	アルファ酸: 5.7%	65g	30分
アマリロ	アルファ酸: 9.5%	50g	15分
カスケード	アルファ酸: 5.7%	65g	1分
カスケード	アルファ酸: 5.7%	100g	ドライホッピング
シムコー	アルファ酸:13.0%	100g	ドライホッピング

発酵

酵母	1056 American Ale
温度	20〜22℃

Mindst holdbar til (Best Before):

Brewed & Bottled by **Mikkeller**
at BrewDog, Ellon, Scotland

Øl. Ingredienser: vand, malt,
flækket havre, humle og gær.

Imported to the US
by **Shelton Brothers**
Belchertown, MA

Product of Scotland
9.75% ALC/VOL

330 ml℮

Mikkeller.dk

アイ、ビート、ユー

スタイル：IPA（インディアペールエール）

基本設計

出来上がりの量……20L
煮沸前麦汁量……25L
初期比重……1089
煮沸前比重……1071
最終比重……1015
アルコール度数……9.75%
色度数……29 EBC
IBU……100以上

麦芽、糖化

マリスオッターペール麦芽……5 EBC……4953g
カラミュンヘンI麦芽……90 EBC……933g
ミュンヘンI麦芽……23 EBC……861g
挽いたオーツ麦……4 EBC……933g

総麦芽使用量……7680g
糖化温度・時間……67℃、60分

ホップ

チヌーク……アルファ酸：12.6%……90g……60分
センテニアル……アルファ酸：9.0%……10g……30分
シムコー……アルファ酸：13.1%……10g……30分
アマリロ……アルファ酸：9.1%……10g……30分
センテニアル……アルファ酸：9.0%……10g……10分
シムコー……アルファ酸：13.1%……10g……10分
アマリロ……アルファ酸：9.1%……10g……10分
センテニアル……アルファ酸：9.0%……10g……1分
シムコー……アルファ酸：13.1%……10g……1分
アマリロ……アルファ酸：9.1%……10g……1分
センテニアル……アルファ酸：9.0%……10g……ドライホッピング
シムコー……アルファ酸：13.1%……10g……ドライホッピング
コロンバス……アルファ酸：14.5%……50g……ドライホッピング

発酵

酵母……1056 American Ale
温度……20〜22℃

TEXAS
RANGER
CHIPOTLE
PORTER
Mikkeller

テキサスレンジャー

スタイル：ポーター

基本設計

出来上がりの量……20L
煮沸前麦汁量……25L
初期比重……1086
煮沸前比重……1069
最終比重……1036
アルコール度数……6.6%
色度数……166 EBC
IBU……68

麦芽、糖化

マリスオッターペール麦芽……5 EBC……4500g
チョコレート麦芽……800 EBC……768g
ローストバーリィ（製麦せずに焦がした大麦）.1100 EBC……768g
カラクリスタル麦芽……130 EBC……960g
ブラウン麦芽……150 EBC……672g

総麦芽使用量……7668g
糖化温度・時間……68℃、60分

ホップ

コロンバス……アルファ酸：16.0%……25g……60分
ザーツ……アルファ酸： 2.8%……32g……15分
センテニアル……アルファ酸：10.0%……64g……1分

発酵

酵母……1056 American Ale
温度……20～22℃

補足

煮沸の最後の10分間で、 チポトレ（燻製にした唐辛子を原材料とする香辛料）の粉末を15g加える。

Mikkeller
Czechet Pilsner
Øl. Ingredienser: vand, malt (pilsner, munich og cara-pils), humle (saaz, hallertauer, spalt og tettnanger) og lagergær.
Indhold: 330 ml. Alk. 4.6% vol.
Holdbar til: Se kapsel
Se mere på: www.mikkeller.dk
Brygget på De Proef Brouwerij, Belgien.
5 704255 300094

チェゲズ ピルスナー

スタイル:チェコピルスナー

基本設計

出来上がりの量……20L
煮沸前麦汁量……25L
初期比重……1047
煮沸前比重……1038
最終比重……1011
アルコール度数……4.6%
色度数……9 EBC
IBU……36

麦芽、糖化

ピルスナー麦芽……4 EBC……3530g
ミュンヘンI麦芽……23 EBC……330g
カラピルス麦芽……5 EBC……330g

総麦芽使用量……4190g
糖化温度・時間……65℃、60分

ホップ

ゼウス……アルファ酸:13.0%……15g……60分
ザーツ……アルファ酸: 3.1%……20g……30分
ザーツ……アルファ酸: 3.1%……25g……10分
ザーツ……アルファ酸: 3.1%……60g…ドライホッピング

発酵

酵母……2124 Bohemian Lager
温度……11〜13℃

補足

ダイアセチルが少しあっても問題ない。

Mikkeller

SIMCOE SINGLE HOP IPA

ØL. INGREDIENSER: VAND, MALT (PILSNER, CARA-CRYSTAL OG MUNICH), HAVREFLAGER, HUMLE (SIMCOE) OG GÆR.

BRYGGET PÅ DE PROEF BROUWERIJ, BELGIEN.

SE MERE PÅ MIKKELLER.DK

INDHOLD: 330 ML. ALK. 6,9% VOL. HOLDBARHED: SE KAPSEL.

シムコー シングルホップIPA

スタイル：IPA（インディアペールエール）

基本設計

出来上がりの量……20L
煮沸前麦汁量……25L
初期比重……1063
煮沸前比重……1051
最終比重……1010
アルコール度数……6.9%
色度数……22 EBC
IBU……100以上

麦芽、糖化

ピルスナー麦芽……3 EBC……3800g
カラクリスタル麦芽……120 EBC……500g
ミュンヘンI麦芽……22 EBC……675g
挽いたオーツ麦……4 EBC……600g

総麦芽使用量……5575g
糖化温度・時間……67℃、60分

ホップ

シムコー……アルファ酸：13.0%……60g……60分
シムコー……アルファ酸：13.0%……60g……15分
シムコー……アルファ酸：13.0%……60g……1分
シムコー……アルファ酸：13.0%……40g……ドライホッピング

発酵

酵母……1056 American Ale
温度……19〜21℃

Mikkeller
IT'S ALIVE!
BELGIAN WILD ALE

イッツアライブ!

スタイル:ベルジャンワイルドエール

基本設計

出来上がりの量……20L
煮沸前麦汁量……25L
初期比重……1065
煮沸前比重……1052
最終比重……1004
アルコール度数……8.0%
色度数……20 EBC
IBU……60

麦芽、糖化

ペール麦芽……7 EBC……3650g
カラミュンヘン……90 EBC……585g

総麦芽使用量……4235g
糖化温度・時間……64℃、60分

ホップ

ハラタウアー……アルファ酸:13.0%……15g……60分
スティリアンゴールディング……アルファ酸: 3.1%……20g……30分
スティリアンゴールディング……アルファ酸: 3.1%……25g……10分
スティリアンゴールディング……アルファ酸: 3.1%……60g……ドライホッピング

糖類

キャンディーシュガー(淡色)……0 EBC……750g……5分

発酵

酵母……WLP510 Bastogne Belgian Ale Yeast
Brettanomyces Brux
温度……23〜24℃

Mikkeller
Red/White Christmas
Holdbar til
Tappet 10 år før
Indhold: 1500 ml.
Alc. 8.0% vol.
Opbevares mørkt og køligt.
Pant C
5 704255 000543
En imperial red/white ale brygget på: vand, malt (pale, vienna, og cara-red), umalted hvede, flække t hvede, humle (tomahawk, saaz, simcoe og amarillo), krydderier (curacoa appelsinskal og korianderfrø), witbier-gær og alegær.
Se mere på www.mikkeller.dk

レッドホワイトクリスマス

スタイル:レッドエールとヴィットビアの混成

基本設計

出来上がりの量……20L
煮沸前麦汁量……25L
初期比重……1079
煮沸前比重……1063
最終比重……1018
アルコール度数……8.0%
色度数……19 EBC
IBU……91

麦芽、糖化

ヴィエナ麦芽……7 EBC……1710g
カラレッド麦芽……40 EBC……855g
ペール麦芽……7 EBC……2570g
挽いた小麦……3 EBC……340g
製麦していない小麦……3 EBC……1370g

総麦芽使用量……6845g
糖化温度・時間……69℃、60分

ホップ

コロンバス……アルファ酸:16.0%……30g……60分
ザーツ……アルファ酸: 2.8%……35g……15分
シムコー……アルファ酸:13.0%……35g……5分
トマホーク……アルファ酸:15.8%……35g……1分
アマリロ……アルファ酸: 6.5%……71g……ドライホッピング

発酵

酵母……1056 American Ale
温度……21~22℃

コメント

キュラソーオレンジの皮20gと挽いたコリアンダーの種20gをホップに加え、15分間煮る。

Mikkeller
weizenbock

ヴァイツェンボック

スタイル：ヴァイツェンボック

基本設計

出来上がりの量	20L
煮沸前麦汁量	25L
初期比重	1083
煮沸前比重	1066
最終比重	1018
アルコール度数	8.5%
色度数	20 EBC
IBU	17

麦芽、糖化

麦芽	色度	量
小麦麦芽	3 EBC	3550g
ミュンヘンI麦芽	20 EBC	1330g
ピルスナー麦芽	3 EBC	1330g
カラレッド麦芽	3 EBC	885g

総麦芽使用量……7095g

糖化温度・時間……70℃、60分

ホップ

ホップ	アルファ酸	量	時間
ハラタウアー	アルファ酸：6.6%	17g	60分
ハラタウアー	アルファ酸：6.6%	4g	15分

発酵

酵母……WLP300 Hefeweizen Ale

温度……21-23℃

PORTER
Mikkeller

ポーター

スタイル:ポーター

基本設計

出来上がりの量……20L
煮沸前麦汁量……25L
初期比重……1084
煮沸前比重……1068
最終比重……1028
アルコール度数……7.4%
色度数……115 EBC
IBU……72

麦芽、糖化

マリスオッターペール麦芽……5 EBC……5000g
チョコレート麦芽……800 EBC……425g
ローストバーリィ(製麦せずに焦がした大麦)……1100 EBC……425g
カラクリスタル麦芽……130 EBC……425g
ブラウン麦芽……200 EBC……425g
燻製麦芽……6 EBC……210g

総麦芽使用量……6910g
糖化温度・時間……68℃、60分

ホップ

コロンバス……アルファ酸:16.0%……16g……90分
アマリロ……アルファ酸: 6.5%……16g……90分
ザーツ……アルファ酸: 2.8%……16g……30分
コロンバス……アルファ酸:16.0%……16g……15分
アマリロ……アルファ酸: 6.5%……16g……1分

糖類

ブラウンシュガー……80 EBC……240g 10分

発酵

酵母……WLP002 English Ale
温度……21～23℃

keller
riends

FIRESTONE
PROPRIETORS
RESERVE SERIES
WOOKEY
JACK
UNFILTERED ALE
BLACK RYE IPA
FIRESTONE WALKER
BREWING COMPANY

ウーキー ジャック

スタイル:ブラックIPA

基本設計

出来上がりの量……20L
煮沸前麦汁量……25L
初期比重……1074
煮沸前比重……1059
最終比重……1011
アルコール度数……8.3%
色度数……47 EBC
IBU……54

麦芽、糖化

ペール麦芽……7 EBC……4753g
ライ麦麦芽……6 EBC……451g
カラライ麦麦芽……100 EBC……149g
カラフェ III 麦芽……1220 EBC……179g
ライト小麦麦芽……3 EBC……179g

総麦芽使用量……5711g
糖化温度・時間……63℃、45分
68℃、15分
74℃、10分

ファイアストーン ウォーカー

米国カリフォルニア州

1996年に義理の兄弟であるアダム・ファイアストーンとデビッド・ウォーカーによって設立。

「ファイアストーンユニオンシステム」(英国の古くからの伝統的な方法に触発された木樽発酵法)で有名で、醸造責任者のマシュー・ブライニルドソンのおかげで、古典的なビアスタイルのビールを正確に醸造することには定評がある。

ワールドビアカップの中規模ビール会社部門で4度のチャンピオンに輝いている。

ミッケラーとの協働ではサワーエール「リトルミッケル」をつくった。

ホップ

アマリロ……アルファ酸: 6.5%……15g……60分
シトラ……アルファ酸:11.0%……15g……60分
アマリロ……アルファ酸: 6.5%……10g……30分
シトラ……アルファ酸:11.0%……10g……30分
アマリロ……アルファ酸: 6.5%……10g……10分
アマリロ……アルファ酸: 6.5%……10g……10分
シトラ……アルファ酸:11.0%……38g……1分
アマリロ……アルファ酸: 6.5%……38g……1分

糖類

グルコース……0 EBC……350g 10分

発酵

酵母……1028 London Ale
温度……19℃から加熱して21℃にする。比重は1024。

THE KERNEL BREWERY LONDON

IMPERIAL BROWN STOUT
LONDON 1856

10.1% ABV

インペリアルブラウンスタウト

スタイル:インペリアルスタウト

ザ・カーネル

英国ロンドン

元チーズ販売店のオーナーで、ビールの自家醸造もしていたアイルランド人のエビン・オライアダンが2009年に設立。

ホップをよくきかせたアメリカンIPAを英国でつくり始めたことで良く知られている。

ミッケラーと協働のビールを計画中。

基本設計

出来上がりの量……20L
煮沸前麦汁量……25L
初期比重……1101
煮沸前比重……1081
最終比重……1025
アルコール度数……10.1%
色度数……100 EBC
IBU……100以上

麦芽、糖化

ペール麦芽……7 EBC……5382g
ブラウン麦芽……150 EBC……705g
ブラック麦芽……1100 EBC……562g
ミュンヘンI麦芽……23 EBC……705g
アンバー麦芽……69 EBC……228g

総麦芽使用量……7582g
糖化温度・時間……67℃、60分

ホップ

マグナム……アルファ酸:14.0%……30g……90分
アポロ……アルファ酸:19.0%……9g……90分
ナゲット……アルファ酸:13.0%……12g……90分
コロンバス……アルファ酸:16.0%……9g……90分

糖類

ブラウンシュガー……20 EBC……694g……10分

発酵

酵母……1028 London Ale
温度……19-21℃

DREAD DOUBLE
DOUBLE BLACK INDIA PALE ALE
3FLOYDS.COM
6 52682 00805 0
LABEL: ZIMMER-DESIGN.COM
BREWED & BOTTLED BY THREE FLOYDS BREWING LLC, MUNSTER, IN
GOVERNMENT WARNING: (1) ACCORDING TO THE SURGEON GENERAL, WOMEN SHOULD NOT DRINK ALCOHOLIC BEVERAGES DURING PREGNANCY BECAUSE OF THE RISK OF BIRTH DEFECTS. (2) CONSUMPTION OF ALCOHOLIC BEVERAGES IMPAIRS YOUR ABILITY TO DRIVE A CAR OR OPERATE MACHINERY, AND MAY CAUSE HEALTH PROBLEMS.
CA CASH REFUND
CT·ME·VT·MA MI 10¢
NY·IA·OR·DC 5¢ REFUND
1 PINT 6 FL OZ

ドレッド ダブル IPA

スタイル：インペリアルインディアペールエール（ダブルIPA）

基本設計

出来上がりの量	20L
煮沸前麦汁量	25L
初期比重	1098
煮沸前比重	1078
最終比重	1030
アルコール度数	9.0%
色度数	19 EBC
IBU	100以上

麦芽、糖化

麦芽	EBC	量
ピルスナー麦芽	3 EBC	7615g
メラノイジン麦芽	69 EBC	650g
小麦麦芽	3 EBC	420g

総麦芽使用量……8685g

糖化温度・時間……67-68℃、60分

スリーフロイズ

米国インディアナ州マンスター

1996年にニックとサイモンの兄弟と彼らの父親マイクというフロイド家によって設立された。

レイトビアで何度も世界一の醸造者に選ばれている。

ヘヴィメタルのイメージと、ロシアンインペリアルスタウト「ダークロード」で有名。毎年4月の最後の週末には、「ダークロードデイ」というフェスティバルを開催している。

ミッケラーとはいくつかの協働したビールをつくってきた。

ホップ

ホップ	アルファ酸	量	時間
シムコー	アルファ酸：13.0%	28g	90分
ウォリアー	アルファ酸：8.3%	28g	60分
センテニアル	アルファ酸：10.0%	14g	90分
センテニアル	アルファ酸：10.0%	14g	45分
センテニアル	アルファ酸：10.0%	14g	30分
センテニアル	アルファ酸：10.0%	28g	5分
センテニアル	アルファ酸：10.0%	56g	1分
カスケード	アルファ酸：8.0%	56g	ドライホッピング
センテニアル	アルファ酸：10.0%	56g	ドライホッピング

発酵

酵母……1968 Special London Ale

温度……19〜20℃

GOLIAT

IMPERIAL STOUT

ゴライアス

スタイル：インペリアルスタウト

基本設計

出来上がりの量……20L
煮沸前麦汁量……25L
初期比重……1105
煮沸前比重……1084
最終比重……1028
アルコール度数……10.1%
色度数……161 EBC
IBU……100以上

麦芽、糖化

ピルスナー麦芽……3 EBC……5417g
燻製麦芽……6 EBC……571g
チョコレート麦芽……800 EBC……685g
ローストバーリィ(製麦せずに焦がした大麦) 1100 EBC……800g
カラクリスタル麦芽……120 EBC……457g
アロマ麦芽……150 EBC……411g
挽いたオーツ麦……4 EBC……800g

総麦芽使用量……9141g
糖化温度・時間……65℃、60分

トゥオール

デンマーク・コペンハーゲン

2010年に学校の友人同士のトビアス・エミル・イェンセンとトーレ・ギュンターによって設立された。

当時、無料のギムナジウムで教壇に立っていたミッケルが醸造方法を教えた。

リペレイションズバイヤーペールエールなど、古典的なビアスタイルにホップをかなりきかせて再解釈した銘柄で有名。

ナールブロのバー「ミッケラー&フレンズ」の共同オーナーでもある。

ホップ

コロンバス……アルファ酸：16.0%……50g……60分
コロンバス……アルファ酸：16.0%……53g……10分
シムコー……アルファ酸：13.0%……53g……1分

糖類

ブラウンシュガー……80 EBC……622g…15分

発酵

酵母……WLP001 California Ale
温度……19～21℃

補足

60gのコーヒー豆から淹れた0.5Lのコーヒーを、瓶詰めの数日前に加える。

Hemel & Aarde

Original handcrafted beer

24º Plato	www.brouwerijdemolen.nl	EBC 342 108 EBU

Ingredients: water, munich, cara, brown and bruichladdich barley malts, premiant and sladek (late hopping), yeast (top fermenting).

Enjoy within 25 years. Keep cool and dark.
Brewed and bottled in Bodegraven.
Recommended drinking temperature 10 °C.

please drink responsibly
bottled on: see back label
no deposit please recycle
unpasteurized

10%ALC/VOL 75cl

ヘーメル エンアールデ

スタイル：インペリアルスタウト

基本設計

出来上がりの量……20L
煮沸前麦汁量……25L
初期比重……1102
煮沸前比重……1081
最終比重……1024
アルコール度数……10.0%
色度数……342 EBC
IBU……100以上

麦芽、糖化

ペール麦芽……7 EBC……5133g
カラクリスタル麦芽……120 EBC……1026g
アロマ麦芽（ブルイックラディ）120 EBC……1026g
ピート麦芽……5 EBC……1026g
ローストバーリィ（製麦せずに焦がした大麦）
……1200 EBC……533g
総麦芽使用量……8744g
糖化温度・時間……52℃、15分
62℃、30分
72℃、30分
78℃、5分

デモーレン醸造所

デモーレン醸造所

オランダ・ボーデフラーヴェン

2004年に醸造家メンノ・オリヴィエによって設立。

インペリアルスタウトが有名。

毎年10月にはボレフツビアフェスティバルを開催している。

ミッケラーとの協働で「ミッケル&メンノ」というヴァイツェンボックをつくったことがある。

ホップ

プレミアント……アルファ酸：8.2%……120g……90分
スラデック……アルファ酸：5.4%……80g……10分

発酵

酵母……1028 London Ale
温度……21℃

INTER
(幕間、ビールの裏側)

MEZZO
BAG OM ØLLEN

ステイトサイド

このホップがよくきいたIPAは、ミッケラーが事業として初めて醸造した銘柄だ。2006年にケラーと一緒につくり、大きな設備で最初に醸造した自家醸造銘柄だったので、僕らにとって挑戦的だった。当時、ウアベク醸造所で醸造していたが、そこでは僕らが意図していたホップをすべて使用することはできなかった。そこでペニールに、僕らが「Stof 2000」という店で買ってきた目の粗い薄地の綿布から、巨大なホップ袋をたくさん縫ってもらった。ビールは開放式の発酵槽で発酵させたが、これは現代的なブルワリーではまずできないことだ。

ドリンキンザスノウ

数年をかけて、ノンアルコール銘柄「ドリンキンザサン」をなんとか生み出した。その結果があまりにもうれしかったので、ノンアルコールのクリスマスビールもつくることにした。何らかの理由で飲酒できない人はたくさんいる。例えば、ペニールは妊娠期間の後半のクリスマスに、このビールをとても気に入ってくれた。さわやかでホップのきいた夏向けのドリンキンザサンと比較すると、このドリンキンザスノウはレシピ上でも確かにより甘く、濃色で、麦芽の特徴がもっと出ている。

ビアギークのあひるごはん・イタチ

この「ビアギークのあひるごはん」は、僕らの最高傑作の一つ「ビアギークのあさごはん」の続編とも言える銘柄で、ミッケラーの歴史の中でも特別な位置を占めている。僕らがビールの国際的な舞台に躍り出るきっかけとなったからだ。何年も前にベトナムを旅行した際に出合った現地産の独特なコーヒーを使っている。このコーヒーの特徴は、コーヒーの赤い果実を食べるジャコウネコ（イタチに似ている）の胃の中を通過していることだ。コーヒーはその過程の中で、ジャコウネコの消化酵素によって発酵し、苦味が全くなくなり、濃厚なチョコレート香だけが残る。その後、いぶした感じを持つ「ビアギークのベーコン」、ホップを多く追加した「ビアホップあさごはん」、甘いおやつのような「ビアギークバニラシェイク」もつくった。

スポンタン チェリー フレデリクスデル

数年前、フレデリクスデルがつくるサクランボワインの存在を知った。このワインは、ロラン島のフレデリクスデル荘園の果樹園でサクランボを栽培している3人がつくっている。彼らの魂は情熱的だ。デンマークでつくられる間違いなく最高のワインであり、さらには、デンマーク産の製品の中でも最高の部類に入る。2013年には、サクランボ果汁と7カ月間発酵させたビールを半分ずつ使ったこのビールを一緒につくった。その結果にとっても満足しているし、2013年にミッケラーでつくった新作の中では最高の新作と言えよう。

ネルソンソーヴィニヨン

この銘柄は僕の個人的なお気に入りの一つ。大みそかに飲むのにふさわしいビールとして、シャンパンに勝るとも劣らないと強く思っている。ネルソンソーヴィン種のホップを使用。このホップの名前の由来はブドウ品種の「ソーヴィニヨンブラン」で、同様の特徴がある。シャンパン酵母で発酵させ、さっぱりさせるために酵素も使っている。仕上げに、ソーヴィニヨンブランの樽で1年、その後シャルドネの樽で長期熟成させた。シャンパンのような発泡の強さもある。

BRUT
BRUT
NELSON
SAUVIGNON
BELGIAN WILD ALE AGED IN WHITE WINE BARRELS
9% ALC/VOL
1 PT 9.4 FL OZ
•Mikkeller•

Mikkeller
Årh Hvad?!
Belgian Pale Ale

第8章

ビールと料理を一緒に楽しむ

KAPITEL 8

SPIS OG DRIK OM ØL OG MAD

LOVEEEE

僕はワインが大好きで、家でも外食するときも、少なくともビールと同じくらいの量のワインを、料理と一緒に楽しんでいる。実際、中身がいっぱい詰まったワイン冷蔵庫を一つ持っていて、ビールを持ち帰ってくるのを忘れてしまうことがよくある。だから、さまざまな料理人や飲食店と提携し始めたとき、僕の野望はワインを打ち負かすことではなかった。単にハンバーガーやホットドッグと一緒に楽しむビールをつくりたかったのではない。ビールがワインのように、美食と言える料理を強力に支える存在であり、逆に非常な幅広さがあるゆえ、ワインにはできない要素を加えることもできると、証明したかったのだ。

ワインは一つの原料から作られる。赤、白、ロゼ、スパークリングなどがあり、原則としてアルコール度数は11～15%。これらの分類には微妙に重なり合っている部分が明らかにあり、分類からの逸脱も多い。しかし一般的には、この分類が目安となる。現代的で食通も行くようなレストランに行くと、白ワインがグラス7杯と赤ワインがグラス1杯という具合に出てくることがある。ワイン好きならば、7杯の白ワインの違いを明らかに味わうことができる。しかし、大多数の人は座ったまま、それぞれの違いは何かと考え込んでしまう。対照的にビールは、例えば新鮮でホップのきいたアルコール度数3%の銘柄から、焦げ香ばしくて黒々としたアルコール度数6%の銘柄まで、あらゆる特徴を詰め込むことができる。そして香辛料、甘味、果物、酸味などあらゆるものを含ませられるのだ。この幅の広さは、料理と一緒に楽しむときに、合わせる要点を多くもたらしてくれる。

ビールと料理を合わせることについて、僕の経験は2009年にさかのぼる。もともとの知り合いでワイン輸入業を営むヘアラフ・トローレと契約を結んだときのことだ。彼は「コペンハーゲンクッキング」という取り組みの中で、ワインとビールを競わせる催し物を思い付いた。そして前年にミシュランの星を獲得したコペンハーゲンのタイ料理店「キンキン」との協働で実現させた。

「ワイン vs ビール」と題したその催しでは、11品の料理のそれぞれにワインとビールがグラス1杯ずつ提供された。僕とヘアラフは事前に試食していたので、料理と料理の間に、香辛料がきいたタイ料理のために選んだビールとワインを紹介した。一つの料理とワインとビールの組み合わせを味わった後、参加者はビールとワインのどちらを合わせるのが好きだったかを、投票用紙に書いてもらった。

キンキンのオーナーでソムリエでもあるヘンリク・ユーデ・アンデルセンは、ビールにあまり関心を持っていないことは、始める前から明らだった。彼は、催しではワインがビールに勝ると確信していたが、結果はそうならなかった。ワインが勝ったのだが、彼が予想していたほど圧倒的ではなかった。彼はこれをきっかけに、ビールが美食を補完する価値を持つものであることに目を付け始めた。その後、ミッケラーが彼のすべてのレストランのために特別なビールを醸造するという契約を結んだ。これは僕の興味を非常にかきたてた。ヘンリク・ユーデ・アンデルセンだってビールに対する意見を変えられるのだから、他の多くの料理人たちもそうできるだろう。

翌2010年の5月、僕はコペンハーゲンのヴィクトリアゲデに直営のミッケラーバーを開店させた。このバーは、ミッケラーのビールを披露する場であり、みんなが集まって味わえる場になってくれた。そしてそのころから、「食通が好む料理にはいつもワインが添えられる」という事実を変えてみるのも面白いかもしれないと思い始めた。世界最高のワインを貯蔵している最もぶっ飛んだワインセラーを持つレストランでも、カールスバーグの高級銘柄シリーズである「ヤコブセン」を出すのが精一杯だった。そうした状況を変える必要があったのだ。そこで、コペンハーゲンを代表する三つのレストラン、ノマ、ミエルケ＆フルティカール、キンキンのスタッフをミッケラーバーに招待して、ビールの試飲をしてもらった。

その結果、多くの協力関係が生まれた。最も実り多かったのは、ミエルケ＆フルティカールのシェフ、ヤコブ・ミエルケとの協力関係だった。彼は基本的に新しいものは何でも聞いてみる態度で接し、特定の考え方にとらわれたり、教義に縛られたりすることもない。その結果、本当にビールに夢中になってしまった。ビールに対して非常に熱心で、ビールに使える新しい材料のための、多くの示唆に富んだアイデアを常に持っている。例えば、日本産の柑橘類であるユズをビールに使うことを提案してくれたのは彼だった。

ヤコブはまた、ビールと料理の関係を逆に考えることをためらわない。彼は「どのビールを飲むかは、なぜいつも料理に左右されなければならないんだ」と考えているからだ。ヤコブが言うように、僕はビールをつくるのに数カ月かかり、完成したビールの味わいを変えることができないのに対し、彼は料理の味わいを変えるのに5秒しかかからない。例えば、ビールと合せて心地良いように、多かれ少なかれ塩をきかせて仕上げる。「私たちが選んだビールに合わせてシェフが料理をつくる」と言うソムリエはほとんどいない。仮にそうして出てくる料理とワインの組み合わせが良いことが明らかであったとしても、だ。

次ページ以降では、ビールと美味しい料理の相性について、味、香り、気分など、ビールの選び方のヒントを取り上げていく。さらに、ミッケラーの友人や協力者の多くが、ビールのために特別に考案したレシピを提供してくれている。これにより、ある料理に適したビールを選ぶだけでなく、料理とビールの関係を逆転させ、世界最高のシェフたちがあるミッケラーのビールのために特別に考案した料理を調理し、仕上げることができる。

しかし、その前に付け加えておきたいのは、ビールは洗練された料理と一緒に飲まなければならないという意見を、僕は決して持っていないということだ。僕の考えでは、ペールエールはミシュランの星付き店で出てくる料理と同じくらい、バンコクの屋台で売られている食べ物や、アマー（コペンハーゲン南部の島）で売られているサンドウィッチにも合うと思う。僕の使命は、ビールが食との関係で提供できる価値をもっと多くの人に知ってもらうこと、さらに「食通が好む料理とワインは切っても切れない関係にある」という誤解を解く手助けをすることにある。

料理と一緒に飲むべきビールとは

ここでは、どのような種類のビールがどのような料理に合うかについて、一般的な考え方をいくつか取り上げる。だけど、自分で実際に試してみてほしい。夕食に招いた客がいて、どのビールにするか迷っている場合は、ワインとビールの両方を添えてみてもいい。これはまた、このテーマについて興味深い議論を生み出すかもしれない。魚と肉のどちらを食べるかを選ぶのと同じように、ビールを選ぶ際には食べ物というお供が重要であることは忘れないでおこう。そして最後に、数品の料理それぞれにビールを提供する場合は、最初からアルコール度数が最も強くてボディーが最も重いビールから始めるのではなく、食事にまとまりを持たせるために、アルコール度数やボディーはゆっくりと上げていくことが重要だ。

一般的には、ワインと料理を合わせるときと同じことが言える。料理の繊細な味わいを引き立たせるためには、ビールの繊細な味わいを得ることが重要だが、料理の味わい深さを理解することも同じくらい重要だ。例えば、ほとんどの種類のキャベツの基本的な味わいは、多くのラガーが持つほのかにハーブのようで、わずかに硫黄のような要素とよく合う。そうしたラガーはアルザスの定番料理であるシュクロート（キャベツの塩漬け）とはうまくいくが、キャベツ、ショウガ、新鮮なハーブを細かく刻んで軽く炒めた料理にはそれほどうまくいかない。味わい深さが全く違うので、他のビールと合せなければいけない。

Mikkeller
& Friends
MALT & CHILI SAUSAGE
PORK, MALTSYRUP, RED PEPPER, SALT,
GINGER, CRUSHED BLACK PEPPER,
CHILI, NUTMEG, CORIANDER SEEDS

魚介類

貝類や白身魚（タラ、ヒラメ、ハドック（タラの一種）など）を、ジャガイモやバターソース、少し酸味のある野菜などの口当たりの良い料理と一緒にやるビールは、ヴァイツェンやヴィットビアが最高に合う。これらのビールは、それ自体はとても刺激に富んだ類のビールではないが、魚介類との組み合わせでは、最高級のシャブリよりも優れる。

ホタテ、エビ、ヨーロッパアカザエビ、ロブスターなどの貝類、甲殻類には、甘味とそれを想起させる香りを持っていることを覚えておこう。ヴィットビアやヴァイツェンには香りも甘味を想起させるので、同じ特徴を合わせることになって完璧だ。例えば、ミッケラーの「ヴェスターブロヴィット」やアンデックスの定番「ヘーフェヴァイスヘル」（特にホタテとの相性が良い）などを試してみよう。

もう少し冒険してみたいなら、甘味のある貝類（特に焼いたもの）をベルギー風の酸味のあるビール（果物入りが多い）と組み合わせるといいだろう。例えば、ミッケラーの「スポンタン」シリーズが選択肢に入るのは当然だが、ローデンバッハ「グランクリュ」やブーン「オードクリーク」も素晴らしい選択肢になる。

ムール貝やマテ貝などの貝類には一般的には甘味がほとんどないので、ボディーが軽く、ホップが少しきいたビールとの相性が良い。チェコのピルスナーウルケルやドイツのイェファーピルスナーが好例だ。しかし一般的なムール貝との相性は、特に昔ながらの白ワインやビールで蒸す場合は、ランビックが最適だ。例えば、ドゥリーフォンテイネン「オードグーズ」、ミッケラー「スポンタナーレ」、ジラルダン「ブラックラベルグーズ」などを試してみよう。

牡蠣は、少なくともデンマーク産の場合、その強い味わいのために全く別の考え方が必要だ。牡蠣の味として一番共通している成分は塩分だ。一般的な認識に反して、牡蠣はワインにはあまり合わない。牡蠣の塩気がワインにある果実の味わいや酸味とぶつかり合い、ワインをやや金属的な味わいにしてしまうことがある。一方ビールと合せると、ホップの苦味が塩分を相殺してくれる。

ビールと牡蠣を組み合わせる場合は、フルーティーなビールは避けて、新鮮さ、甘味のなさ、苦味を主たる特徴とする銘柄にするとたいていうまくいく。果実の味わいが強すぎるペールエールやIPAは避け、代わりにアマー醸造所「グリード」やチェコの「スタロプラメン」のような質の良いラガーを選ぼう。

畜肉

ステーキや鶏肉などの少し重い肉料理には、焼いた野菜や濃厚なソースと一緒に、ホッピがきいていて甘味もあるIPAや、ボディーのあるブラウンエールが本当によく合う。例えば、ミッケラー「グリーンゴールド」「ジャッキー・ブラウン」「アメリカンドリーム」などを試してみて。特にアメリカンドリームは、サラダなどの軽めの料理を添えた鶏肉との相性が抜群だ。

脂身の多い肉ほど、ビールは苦味がある方が良いとを覚えておこう。濃厚なタレをかけた牛肉には、スタウトやポーターを合わせることもでき、ミッケラーの「ミルクスタウト」ももってこいだ。

香辛料がきいた、または濃厚な肉料理

ペールエールやIPAのようなホップがきいていて甘さが抑えられたビールは、香辛料をきかせたり、焼いたり、もしくはラム（子羊）肉やジビエによく合う。例えばトゥオール「ファーストフロンティア」「デンジャラスリーククロースバットノーシガー」、ミッケラー「モザイクダブルIPA」「シングルホップアマリロ」などを選ぼう。スリーフロイズ「アルファキング」やエールスミス「IPA」も試す価値がある。

チーズ

ベルギーのダブル、クアドルプル、そしてスコティッシュエールなどの甘いビールは、チーズにとてもよく合う。特に、果物のコンポートやハチミツを少し入れている場合はなおさらだ。例えば、ミッケラー「モンクスエリクサー」や「ビートグワース」などを試してみて。濃色・濃厚なベルギービールもここでは本領を発揮する。例えば、セントベルナルドゥス「アブト12」や「ウェストフレテレン12」など。

デザート

ワインには、例えば卵、アスパラガス、ニシン（酢漬け）、ブドウなど、多くの敵とも言える相性が悪い食べ物がある。一方ビールの弱点は、おそらくデザートだろう。ビールと一緒に楽しむ食事では、デザートに合うビールを見つけるのが最大の課題だが、基本的なルールはいくつかある。シャーベットのような軽くて新鮮な果物を使ったデザートに対しては、甘すぎず、赤や黒のベリーを使った銘柄を選ぶといいだろう。ミッケラー「モンクズエリクサー」やティマーマン「フランボワーズ」「クリーク」のような甘いランビックやリンデマンス「アップル」も良い選択肢だ。

チョコレートアイスクリームやチョコレートケーキなど、濃厚で甘いデザートには、一般的には甘いスタウトやポーターが良いだろう。基本的なルールは、甘いデザートワインが合うなら、甘いビールも合うということだ。例えば、トゥオール「バイアダーミーンズ」（ムスカテル樽長期熟成）や、ミッケラー「ビアギークのあひるごはん・イタチ」「ミルクスタウト」などを試してみよう。エールスミス「スピードウェイスタウト」やシガーシティー「マーシャルジューコフ」のようなアメリカンインペリアルスタウトも良い。

最後に特に取り上げたいのは、ドドレ醸造所「スティレナハト」。世界最高のデザートビールであるだけでなく、ビールそのものとしても世界最高の銘柄の一つかもしれない。例えば、クレームブリュレやクレームカラメル、タルトタタンといったチョコレートを使わない軽めのデザートと合わせると、カラメルなどの要素と一体化して輝くように美味しい。

1 Mikkeller Vesterbro
2 Mikkeller Vesterbro Wit 4,5%
3 MIKKELLER VIKTORIA
5 Mikkeller FRELSER
6 MIKKELLER BIG WORSE 12%
7 Mikkeller 10
8 MIKKELLER YEAST HEFEWEIZEN 8%
9 MIKKELLER Z PALE ALE
10 MIKKELLER YEAST BELGIAN 8%
11
12
13
14
15

レシピ

…そして友達と一緒に

次のページから取り上げる五つのレシピは、さまざまな高度な調理技術を習得した、世界で最も熟練した料理人たちによって考案され、定番的・伝統的なものから現代的で分子調理と言えるものまでが含まれている。そのため、ほとんどは家庭で再現するのがやや難しいが、冒険心があれば挑戦するのはたやすい。レシピは、あなたの台所で手順を一歩ずつ追えるように編集してある。しかし、調理を始める前に通読することをお勧めしたい。そうすれば、どれだけの時間、労力、器具、調理技術が要るのかがあらかじめ分かるだろう。

レシピを最後までたどって完成させる自信がない場合は、手順のどれかを気軽に選んで簡単にしてしまうなどして、料理全体を簡単にしてしまってもよい。これらのレシピは日々の料理を華やかにしたり、夕食会のメニューの目玉にしたりするための可能性も示している。さらには、単に新たな着想を得るためにだって使えるだろう。「現代の美食の最前線に関する独特な洞察」「ビールと料理がどのように新しく、予想外の方法で組み合わされるか」「ビールを引き立てるために、異なる味と食感の料理がどのように構成されるか（決して逆ではない）」を示す、非常に具体的な例を多数提供しているからだ。

ミッケラーバーでレストラン「ノーマ」のスタッフのためのビール試飲会を開いた後、ノーマのソムリエであったポントゥス・エロフソンの息子がミッケラーに連絡してきた。「ノーマのためにビールを醸造してくれないか」という相談だった。これはミッケラーにとって、美食の世界での究極のお墨付きであり、世界中の美食界にミッケラーの名を広めることになった。同時に、ノーマのようなレストランのために醸造することは、非常に興味深い挑戦ででもあった。ミッケラーは過激なビールをつくることで有名だが、そうしたビールはノーマの繊細な北欧料理には合わない。つくるビールは彼らの料理に合わせなければならないので、僕は全く新しい取り組み方をしなければならなかった。最初に出来上がったのが「ノーマノーベル」で、軽くて淡くて爽やかな、炭酸が多く含まれたベルジャンスタイルのビールだった。その後、ポントゥスがノーマから独立したことを記念して、サンファイア（海岸の岩などに生えるセリ科の多肉の草で、葉を酢漬けにする）を使ったビートトビア「ポントゥス」を醸造するよう頼まれた。

直火焼きフラットブレッド(※)とゴトランド産トリュフ添え

※ライ麦・大麦などとマッシュポテトで作ったウエハース状の薄いパンで、特にノルウェーで広く食される。

ミッケラー「ポントゥス」と一緒に

4人分

乳酸セプだし汁用

冷凍セプ(欧州産食用
　キノコの一種) 500g
海塩(ヨウ素無添加) 15g

セプ油用

グレープシードオイル 200g

裏ごしトリュフ用

酵母 50gを2セット
グレープシードオイル 50g
ゴトランド産冷凍トリュフ 40g

黒ニンニク水用

黒ニンニク 25g

フラットブレッド用

小麦粉(ティーポ00) 75g
麦芽粉 1g
ふるいにかけた麹の粉
　(なるべく新鮮なものを) 15g
ミッケラー「ポントゥス」 40g
塩 1.5g
バター 5g(室温にしておく)
ローズオイル 10g

小麦粉・麦芽粉

小麦粉(ティーポ00) 60g
麦芽粉 5g

クルミペースト用

黒ニンニク 3.5g
生ニンニク 1g
湯がいてから焼いたクルミ 45g

その他

ゆでたほうれん草の葉 12枚
トリュフ薄切り 24枚
　(大きさによって調整)

PONTUS
noma

1. 乳酸セプだし汁をつくる

（食べる日の4、5日前に仕込む）

冷凍したセプを滅菌した密閉容器に入れる（容器の半分より上は空くようにする）。

塩を加えて混ぜ合わせる。雑菌が入るのを防ぐため、殺菌したスプーンを使うか、ラテックスの手袋をはめた指で混ぜる。

容器のフタを閉めて、常温で暗い場所（食器棚など）で保管する。

セプが乳酸発酵するまで、およそ2、3日かかる。定期的に様子を見るようにする。穏やかに泡立ち、キノコの良い香りが立ってくれば、発酵が進んでいる証拠（容器内でカビの発生が疑われる場合は、セプを破棄して、再度仕込む必要がある）。

ボウルの中にふるいを入れ、その上にセプを乗せる。

ボウルごとラップで覆い、一晩冷蔵庫に入れて、セプからできるだけ多くの水分（乳酸セプだし汁）がボウルに落ちるようにする。

乳酸セプだし汁を250g取り出し、冷凍庫で凍らせる。残りの乳酸セプだし汁は冷蔵庫で保存する。

クッキングシートを敷いた鍋の上に、セプを広げるように並べる。

セプを60℃のオーブンで完全に乾燥するまで加熱する。乾燥したセプは後で食べるために保存しておく。

2. 乳酸セプオイルとペースト

（食べる前日に仕込む）

乾燥したセプを混ぜ合わせて、ピューレ状にする。

セプのピューレをクッキングシートの上に薄く広げ、一晩置いて乾燥させる。そうすると、ほぼ完全に乾いた状態で、フルーツの皮のような、薄くて質感の美しい食材（乳酸セプ革と言う）が出来上がる。

グレープシードオイルと100gの乳酸セプ革を、サーモミキサーで高速で8分間混ぜる。通常のミキサーでもよいが、なるべくパワーが強い方が良い。大きめのボウルも必要。

混ぜたセプとグレープシードオイルをふるいにかけ、油（「乳酸セプ油」と言う）をボウルに取る。

ふるいに取ったセプをミキサーに戻し、再び高速で攪拌して、滑らかなペースト状にする。

ペーストをふるいにかけ、油をボウルに取る。

ペースト（「乳酸セプペーストと言う）は後の工程のために保存しておく。

3. トリュフのピューレ

（食べる前日に仕込む）

冷凍庫からトリュフを取り出して解凍する。

酵母を二つに分けてそれぞれ正方形にし、120℃のオーブンに30分入れる。

オーブンから出して固くなるまで冷ましてから、グレープシードオイルと柔らかくなるまで混ぜ合わせる。8分ほどかかる。

一晩放置してなじませる。その後、ボウルの中にふるいを入れ、その上に乗せ、油をボウルで取れるようにする。

ボウルに取れた油のうち10gを、解凍したトリュフ、5gのセプ水と混ぜ合わせ、ピューレ状になるようにし、出来上がったらいったんしまっておく。

4. 黒ニンニク水

（食べる日の朝に仕込む）

250gの冷凍セプを冷凍庫から取り出す。

これで冷凍セプの氷のろ過を行う準備ができたことになるので、布を敷いたふるいに冷凍セプを入れ、解凍しながらボウルに融けた水分をためていく。得られた水分は完全に透明になる。

黒ニンニクを冷水に30分浸し、60℃のオーブンで3時間焼く。通常のオーブンは正確な温度を出すのが苦手なので、焙煎用の温度計（オーブンの真ん中に設置する）を使って適温にするといいだろう。

黒ニンニクを目の細かいふるいを使ってすりつぶし、冷凍セプから得られたセプ水と合せて泡立てる。出来上がったらいったんしまっておく。

5. フラットブレッド

（食べる日の工程）

材料のうち乾いたものをすべて混ぜ合わせ、ビールとローズオイルを加える。生地が練られ過ぎないように生地用のスクレーパーを使う。

生地を四つに分けて、パスタマシンに通す（または麺棒を使って転がす）。ノーマでは通常、9gずつ分けているがが、もっと大きなフラットブレッドを作りたい場合は、2、3倍の量で仕込んでもよい。

小麦粉ミックスを混ぜ合わせ、生地に軽く振りかける。

6. クルミペースト

（食べる日の工程）

すり鉢を使って材料を混ぜる。最初にニンニクをすりつぶしてから、湯がいてから焼いたクルミを加える。

柔らかくなったら、7gのセプペーストを加え、さらに15gのセプ油を加える。

仕上げに塩とコショウで味付けをして完成。粘り気は必要に応じて調整しよう。概ね、タプナード（南仏由来のオリーブのペースト）のような感じになるはず。出来上がったらいったんしまっておく。

提供の前

温めたグリルまたは鍋に4枚のフラットブレッドを乗せる。

膨らんだらすぐにひっくり返し、出来上がるまで一定の間隔でひっくり返し続ける。焦げないように注意する。

フラットブレッドは乾いた鍋に入れて弱く加熱しておくと、温度を保てる。もしくは、60℃のオーブンに入れておいてもよい。

フラットブレッドにクルミペーストを薄く塗り、セプ油を霧吹きでたっぷりと吹きかける。オイルを単に振りかけてもよいが、霧吹きを使う方が出来上がりが良くなる。

フライパンの上のクッキングシートに軽く油を引き、ほうれん草を炒める。

フラットブレッドの上にほうれん草を並べ、黒ニンニク水をまぶす。

トリュフペーストを絞り袋を使ってフラットブレッドの上に盛る。

皿の上に薄切りトリュフを適当な数だけ並べ、セプオイルを適量振りかける。

粗塩をふりかけ、ミッケラー「ポントゥス」を添える。

写真：ミエルケ＆フルティカール

ミエルケ＆フルティカール

「ミエルケ＆フルティカール」のオーナーシェフであるヤコブ・ミエルケはここ数年で、ビールと料理を合わせることに関しては、僕にとって最も身近な協力者の一人になった。特に、米国のブルワリーであるスリーフロイズやベルギーのドゥストライセ醸造所と連携して、彼のレストランでビールと楽しむ夕食会を開催してきた。また、サンフランシスコとテキサスで一緒にビールと料理のイベントを開催し、「苦味」「塩味」「酸味」「甘味」「うま味」の５種類のビールで構成される「ぶっ飛んだビール」シリーズを作った。このシリーズは、「ビールと料理を可能な限り最高のかたちで融合させたビールを作る」という特別な目的を果たすためにつくられた。ミエルケ＆フルティカールのために、ミッケラーは彼らの定番銘柄、その名も「ミエルケ＆フルティカール」を醸造した。

サクランボと味噌

ミッケラー
「スポンタンチェリーフレデリクスデル」を添えて

ビートの根のゼリー用

ビートの根のジュース　500mL
砂糖　50g
バニラの種　さや半分
寒天　6.5g

サクランボコンポート

ハート形の大型サクランボ　500g
バニラの種　さや1本分
レモンの皮　2個分
砂糖　100g
赤シソの葉　大15枚

ラベンダークリーム

生クリーム　300mL
ラベンダーの花　丸ごと3個

焼きマルツィパン用

マルツィパン（アーモンド粉末と砂糖を
混ぜ合わせた菓子）100g

飾り用

ランの花
シソの新芽

白味噌アイスクリーム

牛乳500mL
クリーム　250mL
西京味噌　125g
一般的な白味噌　100g
卵黄　100mL
砂糖　110g

1. ビートの根のゼリー

鍋にすべての材料を入れて混ぜ合わせ、レモン汁を少々加える。

沸騰させ、約２分煮る。

冷蔵庫にしばらく入れておく。

滑らかなクリームになるまで混ぜる。

2. サクランボコンポート

サクランボは半分に切り、種を取り除く。

種を含むすべての材料を鍋に入れる。

鍋の形に合うようにクッキングシートを切り取り、サクランボの上に乗せる。

サクランボが煮詰まるまで約３時間煮る。サクランボは煮崩れしないように、火加減に注意すること。

種も使うことにより味わいが増す。

3. ラベンダークリーム

生クリームとラベンダーの花を手持ち型のミキサーでゆっくりと混ぜ合わせる。クリームが固まらないように注意する。

２時間ほど放置し、ふるいにかけて花は取り除く。

4. 焼きマルツィパン

マルツィパンは目の粗いおろし金ですりおろす。

160℃のオーブンで、黄金色、カリッとするまで焼く。

すべての材料を好きなように盛り付け、ランの花とシソの芽を添える。

ミッケラー「スポンタンチェリーフレデリクスデル」を添える。

5. 白味噌アイスクリーム

小鍋に牛乳、生クリーム、味噌を入れる。

沸騰直前まで加熱する。その間に、卵と砂糖を別のボウルで滑らかになるまで一緒に泡立てる。

泡立てながら、鍋で熱した材料を少しボウルに注ぐ。その後、ボウルの中身をすべて鍋に流し込む。

鍋の中身を加熱し、とろみがつくまで（約85℃で）かき混ぜる。できたらすぐに加熱を止める。

中身をふるいにかけ、理想的にはアイスクリームメーカーで凍らせる。冷凍庫に入れ、30分ごとにかき混ぜる方法でも良い。

アイスクリームを本当にふわふわにさせたい場合は、パコジェット（凍った食材を加工できる調理器具）のビーカーに入れて凍らせよう。

Mikkeller
SPONTAN
CHERRY
FREDERIKSDAL

アマス

アマスのシェフで中心人物のマシュー・オーランドとは、彼がノーマでシェフとして働いていたときに知り合った。彼が独立してコペンハーゲン港の中のレフシャレオイエンに自分のレストランを開いたとき、ミッケラーはそのレストランのために定番銘柄を醸造することになった。マシューは米国サンディエゴ出身なので、米国西海岸らしいホップをふんだんに使ったIPAを醸造するのは当然の選択だった。アマスがレフシャレオイエンの中のB＆W造船所の跡地にあることから、100年前のB＆W黄金時代に港湾労働者たちが飲んでいたダークラガーから着想を得た。後には赤いビールもつくったのだった。

黒牛

子羊の胸肉の塩漬け、カラメル麦芽添え

ミッケラー「黒」を添えて

子羊（ラム）の胸肉　500g

ミッケラー「黒」 1本

カラメル麦芽　100g

赤いビート（小） 18本

赤いビート（大） 5本

乾燥したセプ　25g

グレープシードオイル　120g

発酵ニンニク　大4片

フリーズドライのカシス（クロスグリ） 20g

海塩　100g

準備1

（理想的には食べる前日）

生のラム胸肉に塩をたっぷり振って容器に入れて、肉が見えなくなるまでカラメル麦芽をまぶす。

8時間または一晩冷蔵庫に入れておく。

清潔な布巾でカラメル麦芽を拭き取る（ラム肉の上に麦芽が多少残っていても問題なし）

ラム肉を真空パックに入れ、ミッケラー「黑」100mLも入れる。

袋の中が真空になるように封をして、上に重しを乗せ、90℃のスチームオーブンで1時間40分加熱する。

ラム肉をオーブンから取り出し、真空パックに入れたまま十分に冷ます。

準備2

（食べる日）

ビートの根は小2本を後で使うために取っておき、残りは塩少々とグレープシードオイル20gと一緒にアルミホイルに詰める。

160℃のオーブンでビートが柔らかくなるまで焼く。

大きなビートの汁を絞り、乾燥したセプ10gと一緒に鍋に入れる。

コンロで加熱して、ビートの汁が4分の3に減るまで煮詰める。

準備3

（食べる日）

別の鍋にグレープシードオイル100gを入れ、残りの乾燥セプを加える。

グレープシードオイルを90℃に熱したら火を止め、1時間放置して油とセプをなじませる。

ふるいにかけてセプを取り除く。

準備4

（食べる日）

焼いたビート小の皮をむき、それぞれ4等分する。

取っておいたビート小2本を薄切りにする。

仕上げと盛り付け

ラムの胸肉を四つに分け、皮を下にして皮がパリッとするまで2、3分焼く。

焼いて4等分にしたビートを煮詰めたビート汁の中に入れて温め、スプーンで皿に盛り付ける。

ニンニク1片を六つに切り、焼いたビートと一緒に盛る。

焼いたラムを皿に盛り、乾燥カシス、ビートの薄切り、セプオイルを散らす。

残りの食事も同じように並べる。残っているオイルも美味しいので食べよう。せっかく手間をかけてつくったんだから！

キンキン

ミッケラーとヘンリク・ユーデ・アンデルセンのコンビは、「ワイン vs ビール」の会での協働に加えて、彼のアジア料理に触発されたすべてのレストランと一緒に数多くのビールをつくってきた。世界の料理の中でも特にアジア料理は僕のお気に入りなので、それに合わせてさまざまなビールを醸造するのはとても楽しい。これまでに醸造したビールには、「キンキン」ではレモンとライムの皮を使ったラガー、「ディムサム」ではレモングラスとコリアンダーを使ったラガーなどがある。2013年には、バンコクにあるスラブアというレストランで、ビールと一緒に楽しむ夕食会も開催した。スラブアは、タイ料理に対する彼なりの答えとも言える店だ。

SUM
by
Orange & Star
DIM'SUM
VINTER ØL BRYGGET MED

燻製した髄入り骨とパリパリ豚肉皮添えの刻みナス

ミッケラー「ディムサム」を添えて

ナス 300g

青唐辛子 100g

タマネギ 100g

ニンニク 20g

小さな青唐辛子 15g

髄入り骨 2kg

豚肉の皮 1kg

シソ 1つかみ

酢

魚醤

塩

髄入り骨の仕込み

（食べる3日前）

骨から骨髄を取り出し、10%の塩水に3日間漬け込む。

骨髄は冷燻にする。小型の燻製機はかなり安く売られているが、燻製の方法についてはインターネット上で多くの情報を見つけられる。

骨髄を一口大に切り、フライパンに少量の油を入れて炒める。

豚の皮の仕込み

（理想的には食べる前日）

酢を少し入れた水で豚の皮をゆでる。

柔らかくなったら取り出し、乾燥させる（これは45℃のオーブンで乾燥させてもよい）。

皮の脂をこすり取り、皮がふくらむまで高熱の油で揚げる。

仕上げ

ナスは縦に半分に切り、皮側をしっかり焼く。

大小の青唐辛子もしっかりと焼く。

ナスと青唐辛子は皮以外を取り除き、粗みじん切りにして、ペースト状になるまで混ぜ合わせる。

細かく刻んだ玉ねぎとニンニクを加え、ペーストを素早く沸騰させる。

ペーストを魚醤と塩で味付ける。半分に切った骨にカリカリにした豚の皮と骨髄のかけらを並べる。

シソを盛り付けて仕上げ、ミッケラー「ディムサム」を添える。

ミッション
チャイニーズ

ミッケラーバーをサンフランシスコに開店したきっかけで、現地を何度か訪れた。そのたびに「ミッションチャイニーズ」というレストランで食事をした理由は、彼らの中華料理に対する姿勢の新鮮さと、独特のゆったりとした雰囲気が好きだったからだ。閉店後にスタッフと一緒に座ってビールを飲むこともしばしばあり、その結果、四川産唐辛子入りのスモークラガー「ミッションチャイニーズ」という協働銘柄が実現した。

Foto: Alanna Hale

重慶風 鶏手羽

ミッケラー「ミッションチャイニーズ」を添えて

4人分

鶏手羽（手羽中が望ましい） 500g
塩 大さじ3
揚げ油 4L

調合する香辛料

塩 大さじ1
砂糖 大さじ1
カイエンパウダー 大さじ1
フェンネルシード 大さじ2
四川唐辛子の実 小さじ1
八角（スターアニス） 小さじ1/2
カルダモン 小さじ1/2
キャラウェイ（ヒメウイキョウ） 小さじ1/2
クローヴ（チョウジ） 大さじ1/2
唐辛子 500g

仕込み

（食べる2日前）

手羽をボウルに入れて塩大さじ3をすり込み、冷凍庫に一晩入れておく。

160℃に熱した油で手羽を6～7分揚げる。揚げる鍋がそんなに大きくない場合は、何回かに分けて揚げればよい。

揚がったら手羽先を取り出し、冷まして粗熱を取る。

手羽は蓋をせずに一晩冷凍庫に入れておく。凍らせることで皮の水分が結晶化し、後で揚げ直したときに割れるので、手羽がさらにパリッとした食感になる。

食べる日の調理

オーブンを180℃に温める。

フライヤーか大きめ鍋で油を180℃に熱する。

調合する香辛料を炒ってからすりつぶす。

手羽を熱した油で4～6分、金色、少しカリカリになるまで揚げる。同時に、180℃に温めたオーブンで唐辛子を焼く。

手羽と焼いた唐辛子を一緒にボウルに入れ、小さくまとめる。料理に香ばしさを与えるのが目的。

ボウルに手羽を入れ、調合した香辛料をまぶす。手羽は冷めるにつれてパリッとしてくる。

すべての手羽と香りが立ってきた唐辛子を皿に盛り付け、冷やしたミッケラー「ミッションチャイニーズ」を添える。

ビールの販売店

MIKKELLER & FRIENDS BOTTLE SHOP
København

KIHOSKH
København

ØLBUTIKKEN
København

BARLEY WINE
København

TOFT VIN
København

CHAS E
Aarhus

FRU P. KAFFE & THE
Aarhus

BOYSEN VINHANDEL
Odense

DEN LILLE KÆLDER
Odense

VINSPECIALISTEN
Aalborg

VOLDBY KØBMANDSGÅRD
Hammel

HAVNENS VIN OG TOBAKSHUS
Vejle

KOLDING VINHANDEL,
Kolding

厳選世界のビアバー

デンマーク

MIKKELLER BAR
København

MIKKELLER & FRIENDS
København

MIKROPOLIS
København

CHARLIES
København

ØRSTED ØLBAR
København

ØLBAREN
København

CAFE VIKING
København

CARLSENS KVARTER
Odense

FAIR BAR
Aarhus

STUDENTERBAREN
Aarhus

THE WARF
Aalborg

ヨーロッパ

MIKKELLER BAR
Stockholm, Sverige

3 SMÅ RUM
Gøteborg, Sverige

THE ROVER
Gøteborg, Sverige

PUBOLOGI
Stockholm, Sverige

BISHOP ARMS
Stockholm, Sverige

CHEZ MOEDER LAMBIC
Bruxelles, Belgien

LE BIER CIRCUS
Bruxelles, Belgien

DE DOLLE BROUWERS
Esen, Belgien

KULMINATOR
Antwerpen, Belgien

DE HEEREN
VAN LIEDERKERCKE
Denderleeuw, Belgien

BEER TEMPLE
Amsterdam, Holland

GOLLEM
Amsterdam, Holland

KING WILLIAM
THE FOURTH
London, England

CRAFT BEER CO.
CLERKENWELL
London, England

米国

MIKKELLER BAR
San Francisco, USA

THE TRAPPIST
Oakland, USA

NORTHDOWN
Chicago, USA

LOCAL OPTION
Chicago, USA

THE MAP ROOM
Chicago, USA

THREE FLOYDS
BREWING CO. & BREWPUB
Munster, USA

TØRST
New York, USA

SPUYTEN DUYVIL
New York, USA

THE BIG HUNT
Washington, USA

ARMSBY ABBEY
Massachusetts, USA

PIZZAPORT BREWPUB
Carlsbad, USA

アジア

MIKKELLER
Bangkok, Thailand

MIKKELLER TOKYO
東京

MIKKELLER KANDA
東京

麦酒倶楽部POPEYE
東京

BOXING CAT BREWPUB
Shanghai, China

TAPS BEER BAR
Kuala Lumpur, Malaysia

執筆に当たってこれらの資料を参考にし続けた。

書籍

CARSTEN BERTHELSEN
Øl for enhver smag (2008)

CARSTEN BERTHELSEN OG CARSTEN KYSTER
Godt bryg, god mad (2012)

GARRETT OLIVER (red.)
The Oxford Companion to Beer (2011)

RUNA FLÜGGE, CAMILLA HÜNICHE,
STEFAN BRIX OG KRISTIAN JENSEN
Danske mikrobryggerier – succes, fiasko, fremtid (2013)

THOMAS HORNE OG COLIN EICK
Ølbrygging – Fra hånd til munn (2013)

TOM ACITELLI
The Audacity of Hops
– The History of America's Craft Beer Revolution (2013)

記事

Længe leve revolutionen
AF MARCUS AGGERSBJERG, GASTRO

映画

BRITISH LOCAL HISTORIES:
The History of Camra – The Campaign for Real Ale (2011)

その他

BREWERS ASSOCIATION
Beer Style Guidelines (2011)

インタビュー

MIKKEL BORG BJERGSØ

TOBIAS EMIL JENSEN

CARSTEN BERTHELSEN

SØREN HOUMØLLER

THOMAS HOELGAARD

FREDRIK JOHANSEN

THOMAS SCHØN

KRISTIAN KELLER

DIRK NAUDTS

ウェブサイト

www.ale.dk

www.beeradvocate.com

www.beerticker.dk

www.brewersassociation.org

www.camra.org.uk

www.denstoredanske.dk

www.haandbryg.dk

www.historienet.dk

www.hopunion.com

www.ratebeer.com

www.sierranevada.com

5
6
7
8

索引

さ

た

な

は

ま

ら

わ

ミッケラーは日本びいきだ。2015年に東京・渋谷の宇田川町に公式バーを開店してすぐに閉店となったものの、2017年に同じく渋谷の百軒店に再開店。2020年には神田に、ハンバーガーを売りにした公式店を開いた（ただし、取り壊しが決まっている物件につき3年間限定の営業）。

ミッケラーの公式店は、ブルワリー併設のタップルーム、ラーメン店など業態はさまざまだが、世界に40ある。1国に複数の公式店があるのは、ヨーロッパ以外では日本だけだ。そして何より、日本で独自の発展を遂げ、今や「スシ、テンプラではなくラーメンを」という具合に注目されているラーメンを、ミッケラーは業態とメニューに好んで取り入れている。

ミッケラーのラーメン好きは、東京での「ミッケラービアセレブレーション」というイベントでも提供されたことからも分かる。これはもともと、彼らが2012年からコペンハーゲンで「ミッケラービアセレブレーションコペンハーゲン（MBCC）」で毎年開催してきたイベントで、東京（MBCT）は2018年と2019年に開催されている。日本中からビール好きが集まったのはもちろん、韓国や台湾からも参加者が来ていたのが印象的だった。ソウルにも台北にもミッケラーバーがあるのだから、当然かもしれないが。

さらに、日本のブルワリーとも協働してビールをつくっている。例えば、北海道のノースアイランドビールとはハスカップを使った「ハスカップブロンドフルーツエール」、長野県のAnglo Japanese Brewing Companyとは「しぶや百軒店ビール」、そして2021年3月には岩手県のベアレン醸造所とは「クールシップウィーンラガー」を発売した。

日本びいきのミッケラーから今学べることは何だろうか。まず、ビールの協働醸造やレストランとの協働に見られる、「誰とでも組むこと」だろう。なるべく、「この相手と組んで、何が生まれるのか想像がつかない」という相手が良さそうだ。その印象は多くの人にとって同じで、商品・サービスの質が良ければ、違和感が好ましい意外性に転換する。

もう一つが、運動習慣だ。本書を通して、ミッケルがよく走る人であることはよく分かっただろうし、東京の公式店を中心に「ミッケラーランニングクラブ」も発足している。末永くビールを楽しむためには、健康を維持しなければならない。そのためには、運動習慣は欠かすことができないだろう。WHO（世界保健機関）もSDGs（持続可能な開発目標）でも、健康と飲酒の在り方が触れられている。「健康的に飲み続ける」は、アルコール業界で今後必須のテーマだ。この面で、ミッケラーは先駆者だと言える。筆者も2021年初頭以来、運動習慣を付けることに成功している。ミッケルの走りっぷりを訳したおかげかもしれない。

翻訳に当たって、『クラフトビールフォアザピープル』に続いて声を掛けていただいたガイアブックスの田宮次徳さんには、原稿を辛抱強く待っていただき、いくつかの提案を快く受け入れてくれた。また、北海道鶴居村でのブルワリー開設とビール醸造を学べる場をつくることを目指していて、日本が誇る「ステラ」ブルワー、株式会社Knotの植竹大海さんには、同書に続いて醸造技術に関する助言をいただいた。さらにイラストレーターのTOAさんには、デザイン面での助言をいただいた。

皆さんの力がなければ本書の翻訳を終えることができませんでした。この場を借りて深謝します。

2021年3月23日

長谷川 小二郎

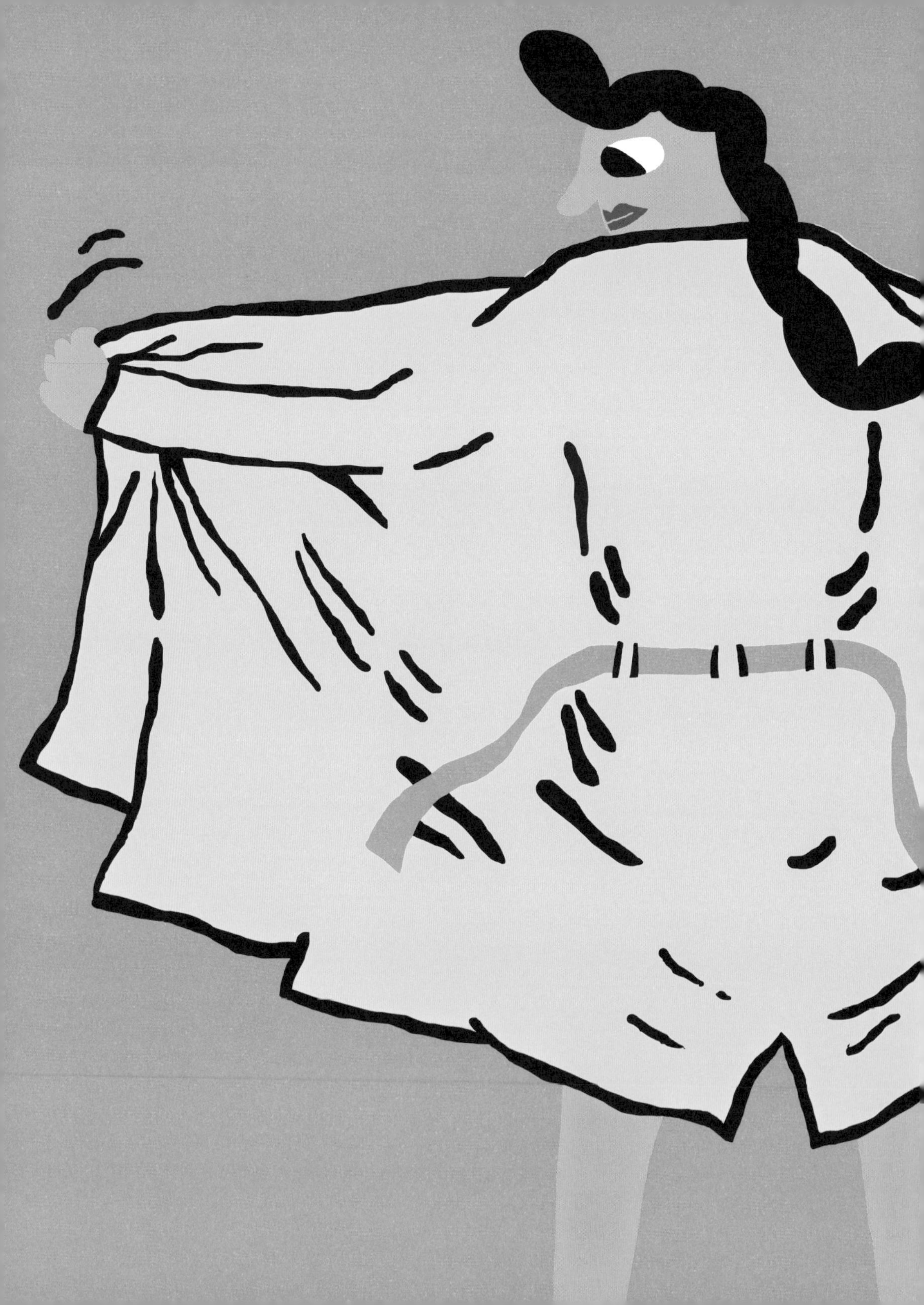

みんな、本当にありがとう

CAMILLA STEPHAN
CARSTEN BERTHELSEN
FREDRIK JOHANSEN
JACOB ALSING
JAKOB MIELCKE
KEITH SHORE
LASSE EMIL MØLLER
MALTBAZAREN
NILO ZAND
RASMUS MALMSTRØM
THOMAS HOELGAARD
THOMAS SCHØN
TOBIAS EMIL JENSEN
TORE GYNTHER

… & MIKKELLER FRIENDS

MIKKELLERS BOG OM ØL

Design: Maria Bramsen
Illustrator: Keith Shore
Photography: Rasmus Malmstrøm and Camilla Stephan
Editor: Troels Hven

This book is typeset in Avenir, Latin Modern and Typewriter.

著者：

ミッケル・ボルグ・ビャーウス (Mikkel Borg Bjergsø)

デンマークで最初の小規模ブルワリーの一つであるミッケラーの創業者。数学と物理の教師として働いている間に、持てる技術を生かして、自宅でさまざまなビールをつくり始めることに。その後、40カ国にビールを輸出し、デンマークで最も有名なレストランのために特注のビールをつくり、スリーフロイズやアンカレジなどの世界中の革新的な小規模ブルワリーとの協働醸造をする、世界的に有名な企業に発展した。ブルワリーのビジネスを十分に理解した後に事業を拡大し、ミッケラーのバーやビール販売店を立ち上げた。そうした店は今では、バンコクから彼の故郷のコペンハーゲンまで、世界中の大都市に展開している。

ペニール・パン (Pernille Pang)

デンマークの新聞「ポリチクン」をはじめとするジャーナリズムの世界で5年間働いた後、2010年にフリーランスのライターに。それ以来、ミッケラーやステラマガジンなどさまざまな企業で、中国や地域文化に関するニュースなど、さまざまな話題について執筆している。

日本語版監修・翻訳：

長谷川 小二郎 (はせがわ しょうじろう)

編集、執筆、英日翻訳。2008年から、米ワールドビアカップ（WBC)、グレートアメリカンビアフェスティバル（GABF）など、上位の国際的ビール審査会で審査員。「ビアコーディネイターセミナー」「ベルギービールKAISEKI（会席）アドバイザー認定講座」「ベルギービール・プロフェッショナル ベーシック講座」の講師、テキスト執筆。共著・訳に『今飲むべき最高のクラフトビール100』（シンコーミュージック・エンタテイメント)。他に日本語版監修・翻訳に『クラフトビールフォアザピープル』、監修に『世界のビール図鑑』（共にガイアブックス）など。

Mikkeller's Book of Beer

ミッケラーの「ビールのほん」

発　　行　2021年7月1日
発 行 者　吉田　初音
発 行 所　株式会社**ガイアブックス**
〒107-0052 東京都港区赤坂1-1 細川ビル2F
TEL.03(3585)2214　FAX.03(3585)1090
http://www.gaiajapan.co.jp

ISBN978-4-86654-053-5 C0077

落丁本・乱丁本はお取り替えいたします。

Printed in China